图解
女装板样
100 例

徐丽 **主编**

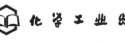

化学工业出版社

·北京·

内 容 简 介

时尚女装的设计制作发展很快，当代女性消费者对服装款式的要求也越来越高。为满足消费者的需求，本书根据不同职业、不同年龄段女性的需求，精选了流行女装款式100种，包括裙装、裤装、套装、大衣等，每种款式都有成品图、线条图、裁剪图，数据详细、标注清晰。

本书适合从事服装设计、裁剪和制作行业的从业人员阅读参考，也可作为服装相关专业培训、指导教材使用。如果您是对服装裁剪感兴趣的DIY爱好者，本书也可以为您提供一定的指导与帮助。

图书在版编目（CIP）数据

图解女装板样 100 例 / 徐丽主编. — 北京：化学工业出版社，2022.6

ISBN 978-7-122-40896-9

Ⅰ．①图… Ⅱ．①徐… Ⅲ．①女服－服装样板－图解

Ⅳ．①TS941.717-64

中国版本图书馆 CIP 数据核字（2022）第 036632 号

责任编辑：彭爱铭 张 彦　文字编辑：邓 金 师明远　　　美术编辑：王晓宇
责任校对：宋 夏　　　　　　装帧设计：水长流文化

出版发行：化学工业出版社（北京市东城区青年湖南街 13 号　邮政编码 100011）
印　　装：三河市延风印装有限公司
787mm×1092mm　1/16　印张 11¼　字数 388 千字　2023 年 9 月北京第 1 版第 1 次印刷

购书咨询：010-64518888　　　　　　　　售后服务：010-64518899
网　　址：http://www.cip.com.cn
凡购买本书，如有缺损质量问题，本社销售中心负责调换。

定　　价：59.00 元　　　　　　　　　　　　　　版权所有　违者必究

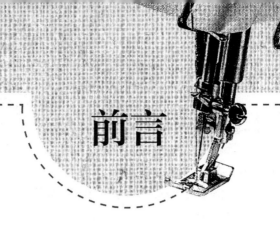

前言

近年来，随着人民生活水平的迅速提高，服装样式也有了明显的变化，变化最快、最大的要数女装了。现代女装的设计制作不仅要求款式新颖多样，而且开始注重对不同色调、不同质地的衣料进行组合搭配，以突出整体美的效果。

大部分我国现代服装既保持了东方传统，又积极吸收了西方特色，从而创造出简洁大方、华而不俗的独特风格。发达的现代纺织工业为服装业提供了色调绚烂、质地精美的衣料，这就使现代服装更显得高雅、舒适。

近年来流行的女装，在总体造型上保持着"简洁"的风格，简化设计制作，点缀质朴恰当，使服装造型与人体曲线融为一体，更加突出了人体的自然美。

配色方面，目前趋向于表现鲜明、醒目的装饰效果。在色相组合方面多注重明度、纯度和色相的配合，同时配以体现韵律的几何图形，以强化视觉美感。随着国际上流行衣料质地的发展变化，衬料、配料种类也日趋丰富。女装在质地搭配上注重既和谐统一又变化多样，多采用两三种不同质地、不同色调的衣料，巧妙地进行组合搭配。例如，粗与细、厚与薄、无光与闪光、挺括与柔软等质感对比的组合手法，相映成趣，以发挥最大的美的效果。

本书由徐丽主编，李佳轩、吴丹、刘俊红、刘茜、张丹等负责绘制裁剪图和线稿。书中引用了一些参考资料，在此向原作者表示衷心的感谢！

本书在编写过程中难免出现疏漏之处，请读者多提宝贵意见。

编　者

2023年3月

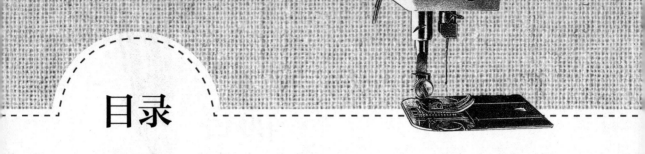

目录

裁剪制图符号和名词

制图符号

——————	成品线	WL	腰围线
—·—·—	翻折线	BP	胸点
———	剖开线	EL	肘位线
————	原型线	HL	臀围线
←	起毛方向	AH	袖窿
↔	面料丝缕方向	B	胸围
	归拢	W	腰围
	同尺寸表示	H	臀围

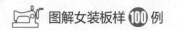

1. 春秋季盆领连衣裙

- ●面料 3m ｜ 门幅 150cm ｜ 胸围 64cm ｜ 腰围 64cm
- ●衬布 120cm ｜ 门幅 90cm ｜ 臀围 98cm ｜ 袖长 56cm

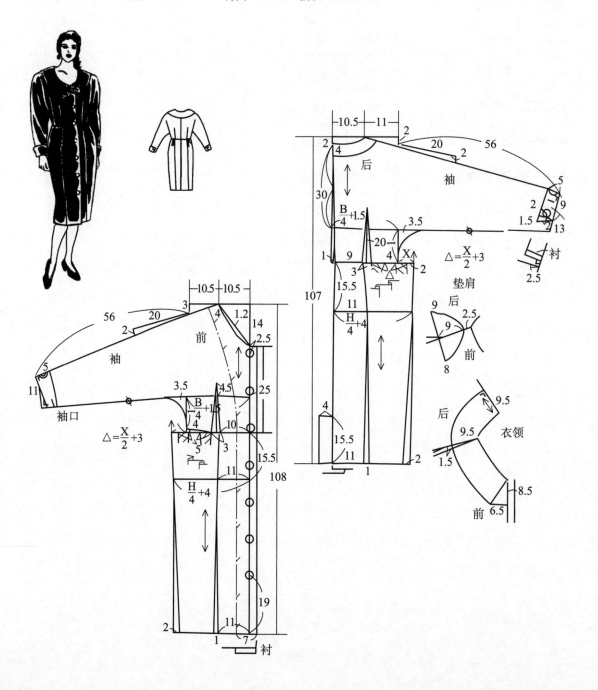

包肩低领连衣裙

- 面料 4.1m 门幅 90cm
- 里布 3.3m 门幅 90cm
- 衬布 75cm 门幅 90cm
- 别布 少许

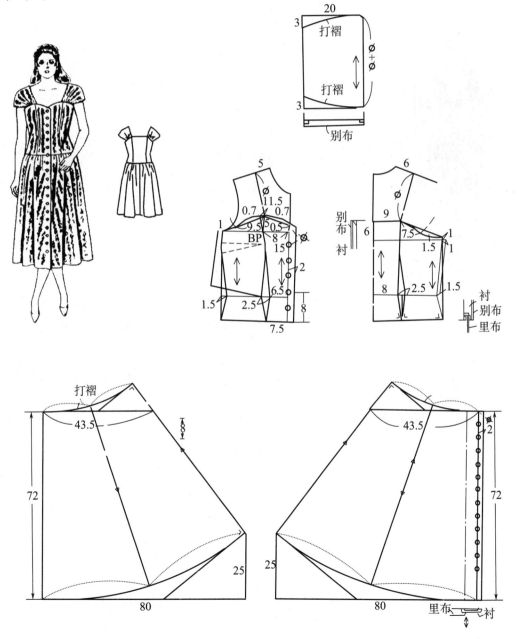

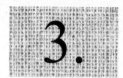

3. V领收腰连衣裙

- 面料 4.3m 门幅 90cm
- 里布 2.5m 门幅 90cm
- 衬布 0.5m 门幅 90cm
- 别布 50cm 门幅 90cm

衣长 117cm
袖长 38cm
胸围 98cm
腰围 76cm
臀围 100cm

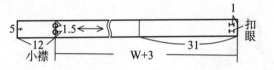

5 + ∅ 1.5 ⟷
12
小襟 W+3 31
扣眼
1

别布（山布）
打褶
3.5
7.5
30

10 后
前
别布
9

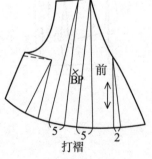
×BP 前
5 5 2
打褶

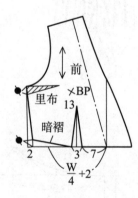
里布 ×BP
13
暗褶
2 3 7
$\frac{W}{4}$+2

原型使用
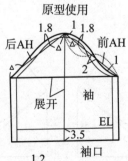
1.8 1 1.8
后AH 前AH
2 1
展开 袖
EL
3.5
袖口
小襟
1.2
2 3
11.5

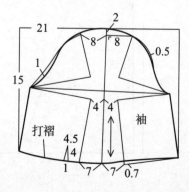
21 2
8 8
0.5
1
15
4 4
打褶 袖
4.5
4
1 7 7 0.7

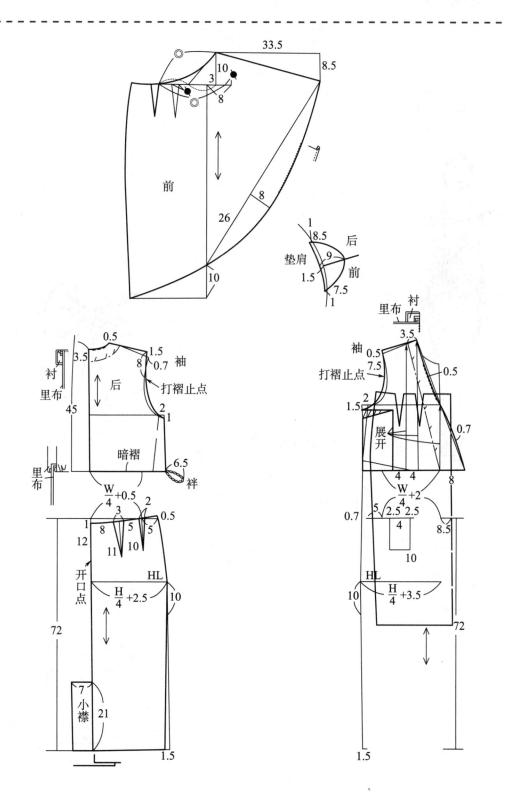

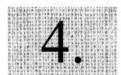

4. 斜襟连衣裙

- 面料 2.6m　门幅 90cm　　腰围 66cm
- 里布 2m　门幅 90cm　　臀围 94cm
- 衬布 20cm　门幅 90cm

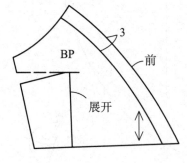

BP　前　3　展开

3　9　8.5　8.5　16.5　2

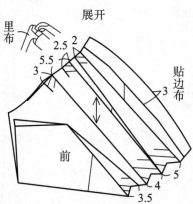

展开　里布　2.5　2　5.5　3　前　贴边布　3　5　4　3.5

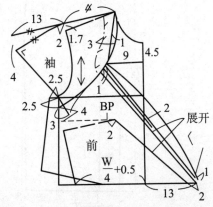

13　2　1.7　3　1　9　4.5　袖　4　2.5　1　2.5　4　BP　2　前　3　2　展开　$\frac{W}{4}+0.5$　13　1　2

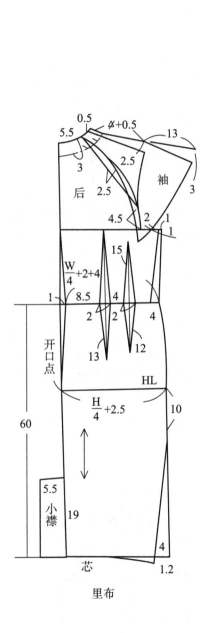

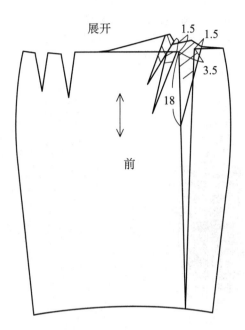

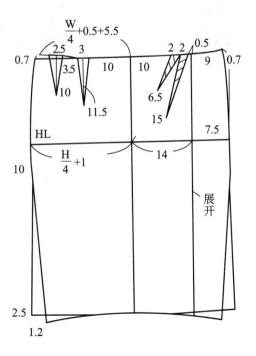

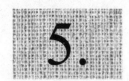

5. 方领收腰连衣裙

● 面料　2.4m　门幅　90cm　　　腰围　66cm
● 里布　1.5m　门幅　90cm　　　臀围　96cm
● 衬布　70cm　门幅　90cm
● 别布　0.4m　门幅　90cm

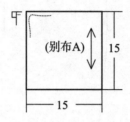

(别布A)

15

15

胸当

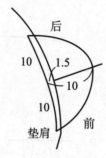

后

10

1.5

10

10

前

垫肩

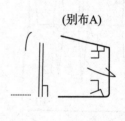

(别布A)

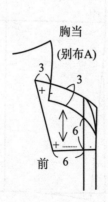

胸当
(别布A)

3

3

6

6

前

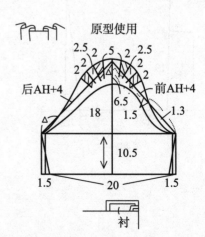

原型使用

2.5　5　2.5

2　　2

2　　　2

后AH+4　　　前AH+4

6.5

18　　　　1.5　　1.3

10.5

1.5　　20　　1.5

衬

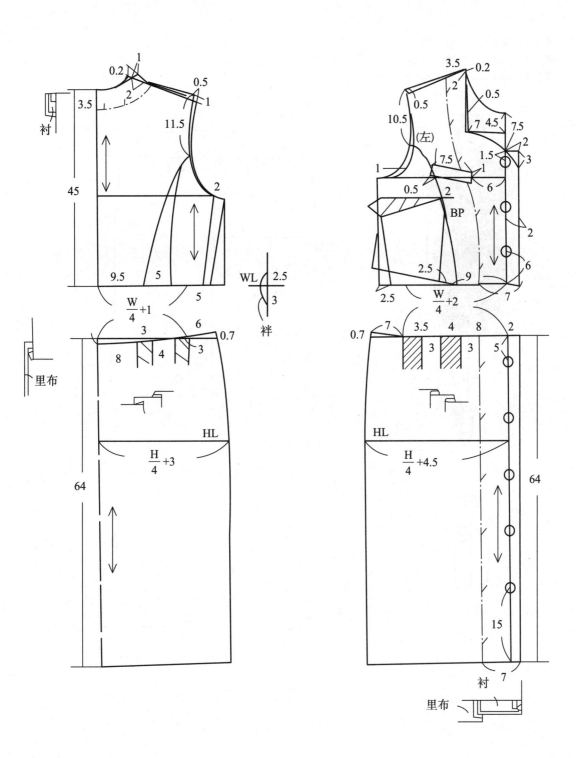

衬

45

11.5

0.2

1

2

0.5

1

3.5

2

9.5

5

5

W/4+1

WL 2.5

3

裙

里布

8

3

4

3

6

0.7

HL

H/4+3

64

3.5

0.2

2

0.5

10.5

0.5

7 4.5 7.5

(左)

1

7.5

1

2

3

1.5

0.5

2

6

BP

2

2.5

9

6

2.5

W/4+2

7

0.7 7

3.5 4 8 2

3 3 5

HL

H/4+4.5

64

15

衬 7

里布

6. 方领斜襟连衣裙

● 面料　2m　　门幅　150cm　　腰围　68cm
● 里布　1.9m　门幅　90cm　　臀围　98cm
● 衬布　80cm　门幅　90cm

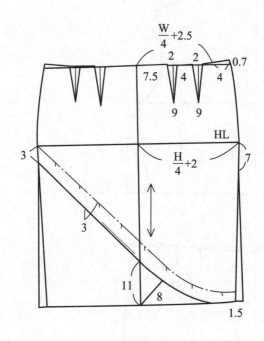

$$\frac{W}{4}+2.5$$

7.5　　2　　4　　2　　4　　0.7

9　　9

HL

3　　　$$\frac{H}{4}+2$$　　7

3

11　　8

1.5

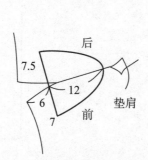

7.5

后

6
7　　12
前

垫肩

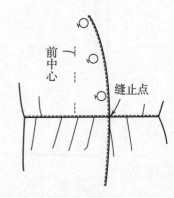

前中心

缝止点

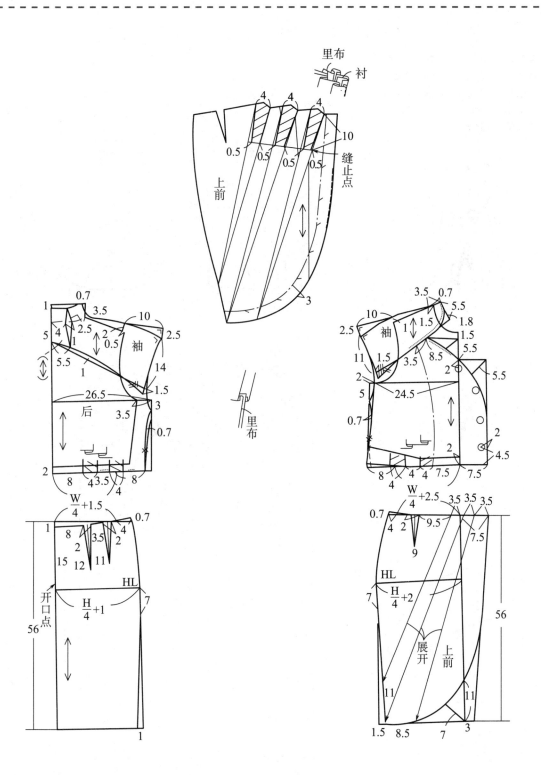

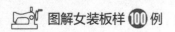

7. 圆领短袖连衣裙

● 面料　3m　　门幅　150cm
● 衬布　120cm　门幅　90cm
　裙长　102cm　腰围　78cm
　胸围　98cm　臀围　100cm
　袖长　58cm

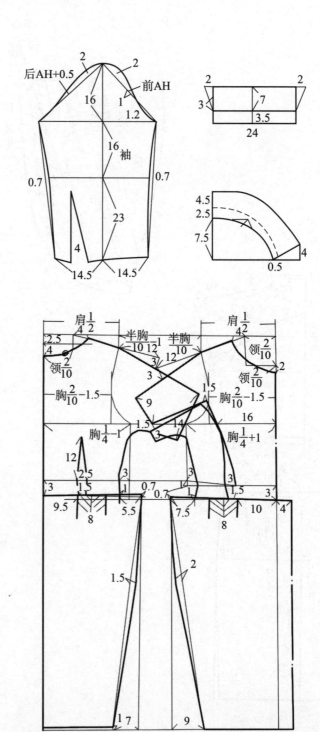

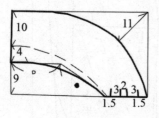

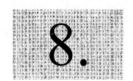

8. 无领风衣式连衣裙

● 面料　2.4m　　门幅　150cm
● 里布　2.6m　　门幅　90cm
● 衬布　120cm　门幅　90cm
　衣长　90cm
　袖长　56cm
　臀围　98cm

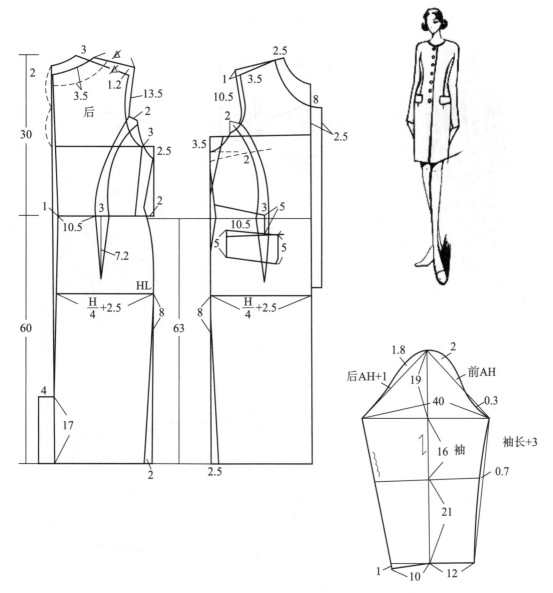

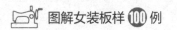
9. 立领收腰连衣裙

● 面料　3.3m　门幅　90cm
● 衬料　1.4m　门幅　90cm
● 衬布　0.4m　门幅　90cm
　纽扣直径1.2cm
　针迹宽0.2cm

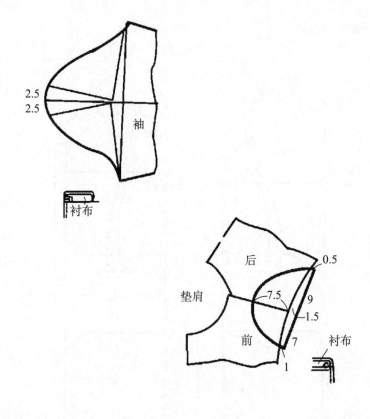

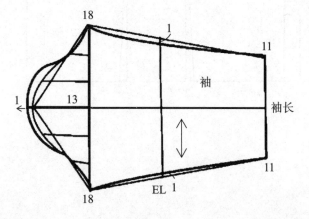

(右)

$\dfrac{W}{4}$

门襟
(左)
(右)　松紧带

4　　　　　　3

$\dfrac{W}{4}+4$

$\dfrac{W}{4}$　　20

1

前　后　　褶

裙长
(65)

0.5　1

2.5
袖褶
B　7.5

4.5
1.5
5.5

后片
褶

1　领

1.5

○+●

7.5　　4

5

2.5
1.5　4.5

1

0.5 ○
1.5

1.5

1.5

1.5
褶

1.5
4.5
1.5

6　袖褶
饰布
A

0.5
1.5

前片
7

5.5

1.5　1.5

1.5　3
B　饰布
4.5
A
1.5　3

10. 紧袖连衣裙

- ●面料　2.9m　　　　　　　　门幅　90cm
- ●衬里、衬裙料　2m（袖除外）　门幅　90cm
- ●衬料少量

　　纽扣直径1.3cm、针迹宽0.1cm、镶边宽0.2cm

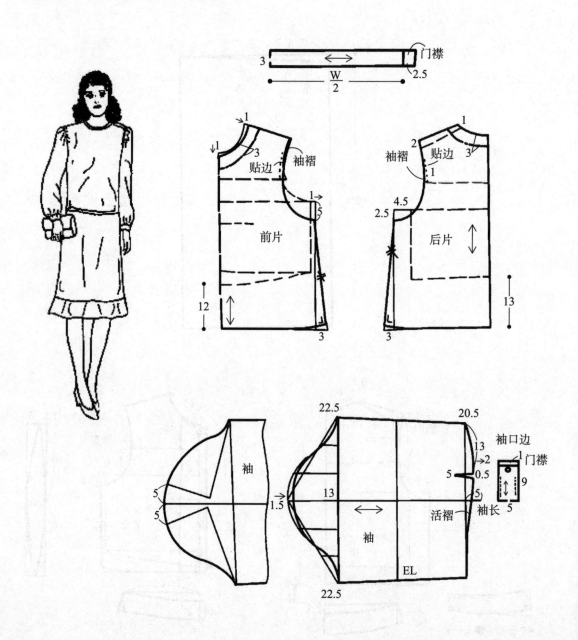

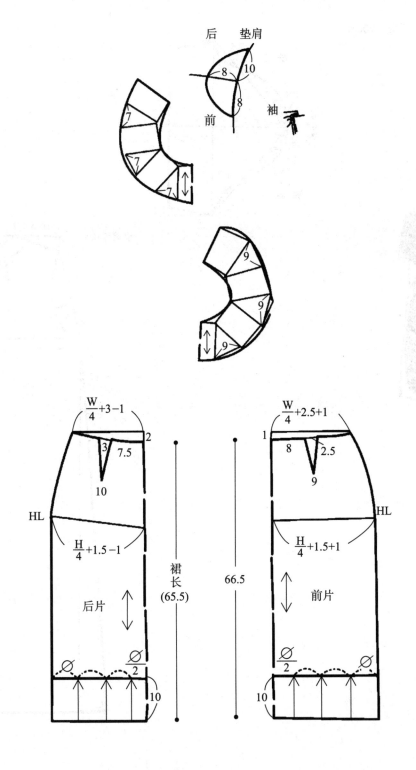

11. 偏襟连衣裙

● 面料 2.8m 门幅 90cm

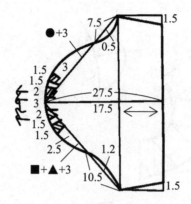

7.5
1.5
● +3
0.5
1.5
1.5
3
2
27.5
3
17.5
2
1.5
1.5
2.5
1.2
■+▲+3
10.5
1.5

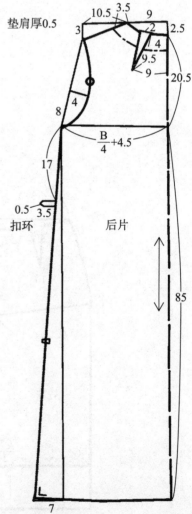

垫肩厚0.5
10.5 3.5 9
3 2 2.5
4
9.5
9
20.5
8 4
$\dfrac{B}{4}+4.5$
17
0.5 3.5
扣环
后片
85

7

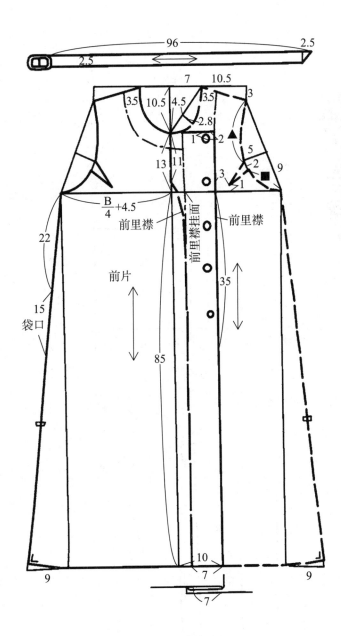

12. 双排扣风衣式长裙

- ●面料　4m　　门幅　90cm　　腰围　68cm
- ●里布　0.9m　门幅　90cm　　臀围　98cm
- ●衬布　110cm　门幅　90cm
- 合成革少许

后

4　13　10

前　　垫肩

10

10

衬

别布　　肩章

扣眼

6

3　　　5

11.5

20

20

展开

○ = Ø/2

5　4　3.5　Ø

3

前　　袖

4

6

12　　带子

17　　扣眼

12

1.5

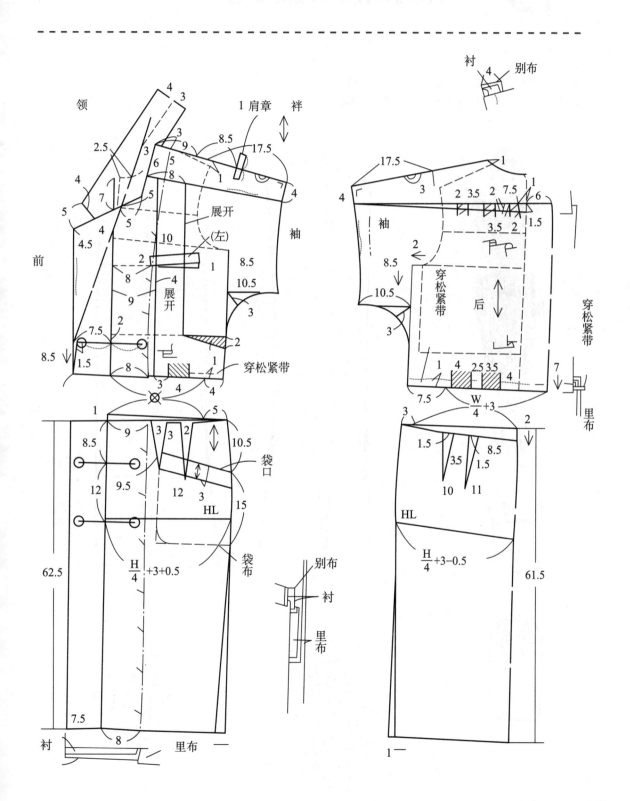

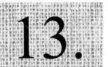

13. 抹胸式背带长筒裙

- ●面料　3.8m　门幅　112cm　　腰围　68cm
- ●里布　1.8m　门幅　90cm　　臀围　94cm

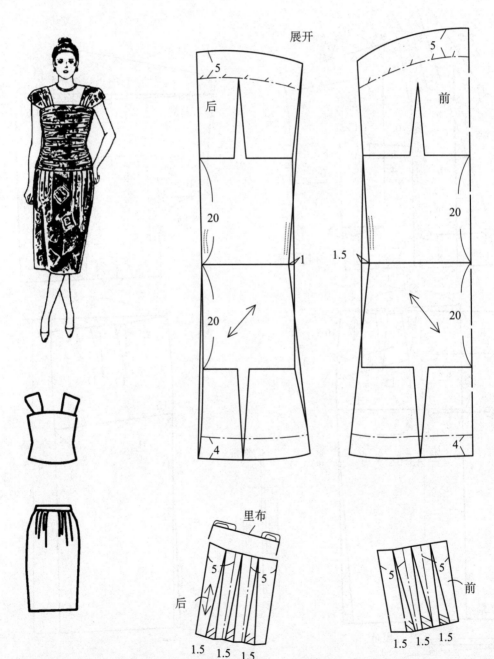

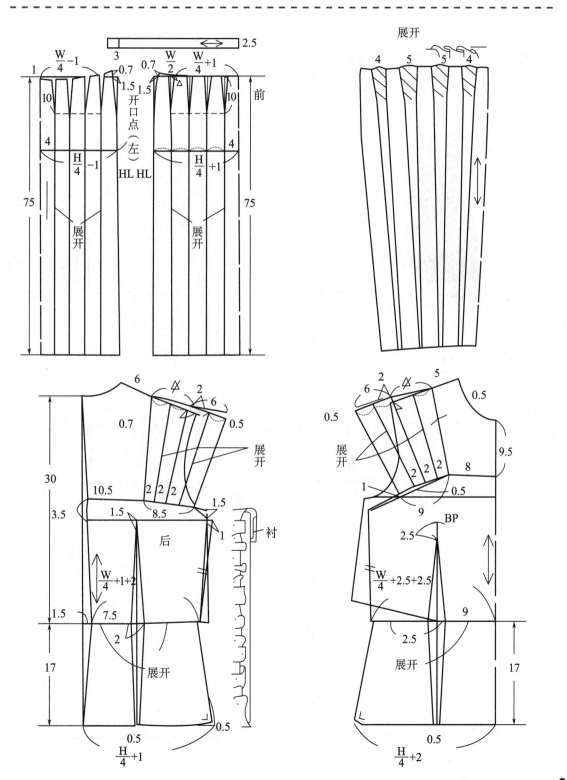

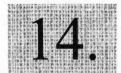

14. 宽腰斜裙

● 面料 2.7m　门幅 90cm　　裙长 73cm
● 里布 2.6m　门幅 90cm　　腰围 62cm
● 衬布 50cm　门幅 90cm　　臀围 96cm

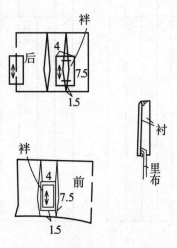

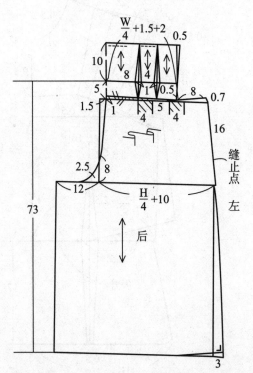

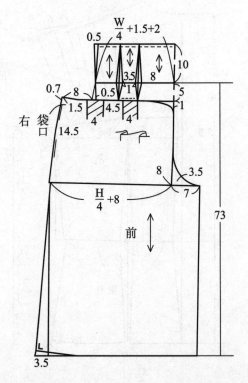

时尚偏襟短裙

- ●面料　1.2m　门幅　150cm　　裙长　57cm
- ●里布　1.3m　门幅　90cm　　　腰围　65cm
- ●衬布　70cm　门幅　90cm　　　臀围　90cm

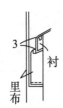

3　衬
里布

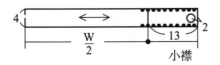

4　$\frac{W}{2}$　13　2
小襟

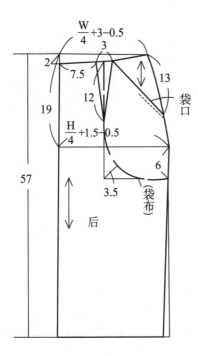

后片：
$\frac{W}{4}+3-0.5$
3
2
7.5
13
12
袋口
19
$\frac{H}{4}+1.5-0.5$
6
57
3.5
（袋布）
后

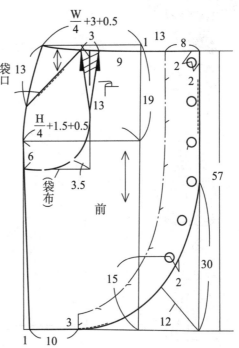

前片：
$\frac{W}{4}+3+0.5$
3　1　13　8
袋口　13　9　2
19　2
13
$\frac{H}{4}+1.5+0.5$
6
6　3.5
（袋布）
前
57
15
30
2
3
12
1　10

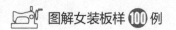
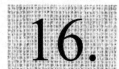

短袖衫大摆裙

- ●面料 2.1m 　门幅 90cm（上衣）　　腰围 66cm
- ●衬布 140cm 　门幅 90cm　　　　　　臀围 94cm
- ●面料 3.6m 　门幅 110cm（裙）
- ●别布 1.9m 　门幅 110cm

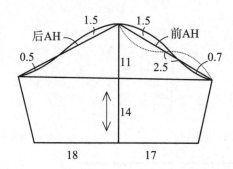

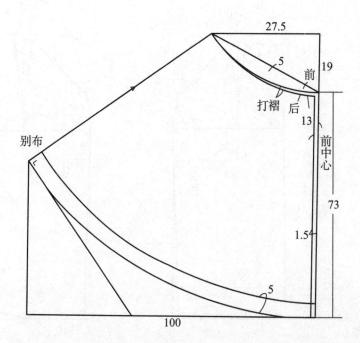

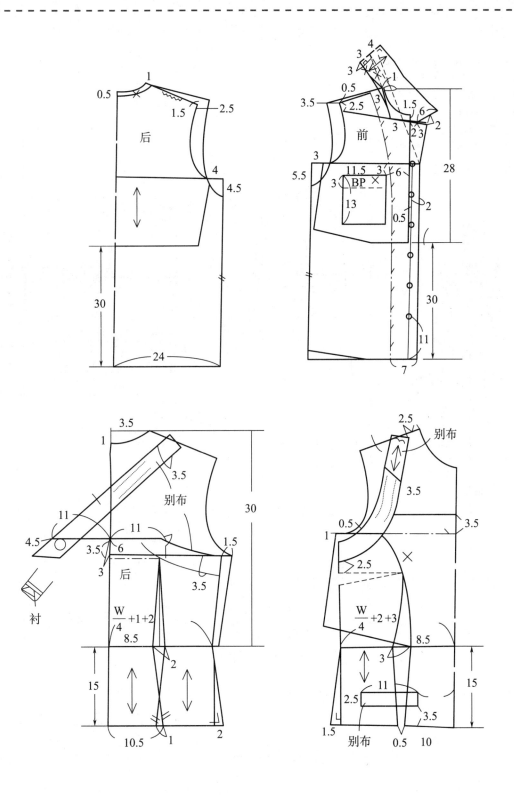

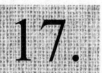

17. 无领明兜大摆裙

● 面料 2.6m　门幅 150cm
● 里布 1.7m　门幅 90cm
● 衬布 50cm　门幅 90cm
● 别布 0.6m　门幅 90cm
　腰围 68cm
　臀围 94cm

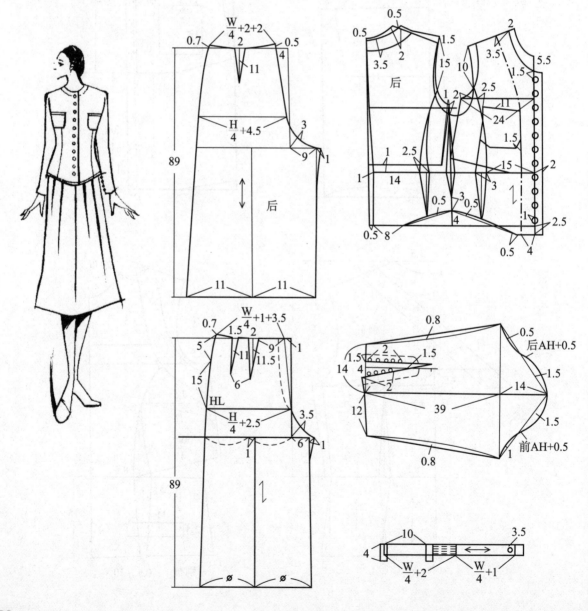

18. 宽腰裙裤

- ●面料 1.8m 门幅 90cm 裤长 76cm
- ●里布 1.7m 门幅 90cm 腰围 65cm
- ●衬布 少许 臀围 90cm

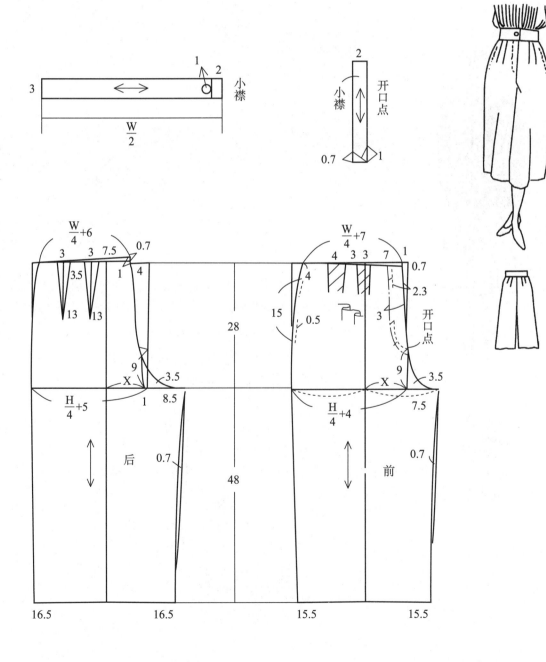

19. 衬衫大摆裙

- 面料　2.6m　门幅　150cm　　袖长　58cm
- 别布　1.7m　门幅　90cm
- 衬布　50cm　门幅　90cm

领
(别布)

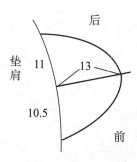

后

垫肩　11　　13

10.5

前

原型使用

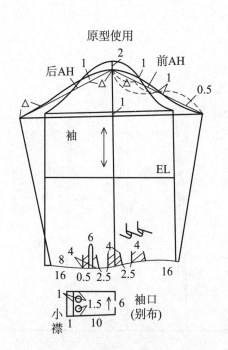

后AH　1　　2　　1　前AH
1　　0.5

袖　　　1

EL

6
4　　4　　4
8　　0.5　2.5　2.5
16　　　　　　　16

1　1.5　6
小襟　1　10　袖口
(别布)

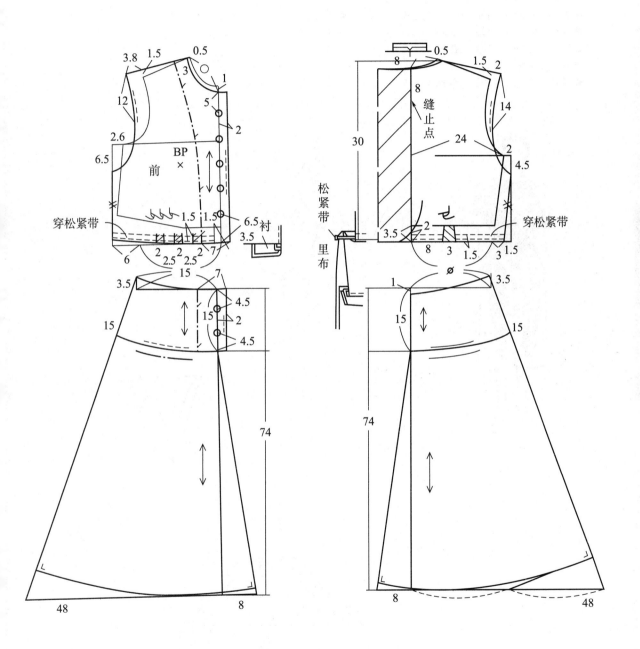

20. 大翻领衬衫裙裤

- ●面料　2.2m　门幅　90cm（上衣）　　腰围　60cm
- ●面料　1.6m　门幅　150cm（裙裤）　　臀围　90cm
- ●里布　1.6m　门幅　90cm
- ●衬布　少许
- ●衬布　70cm　门幅　90cm（上衣）

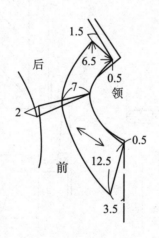

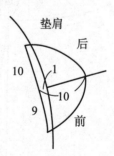

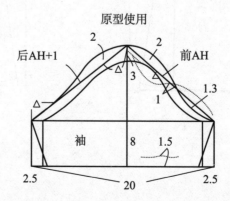

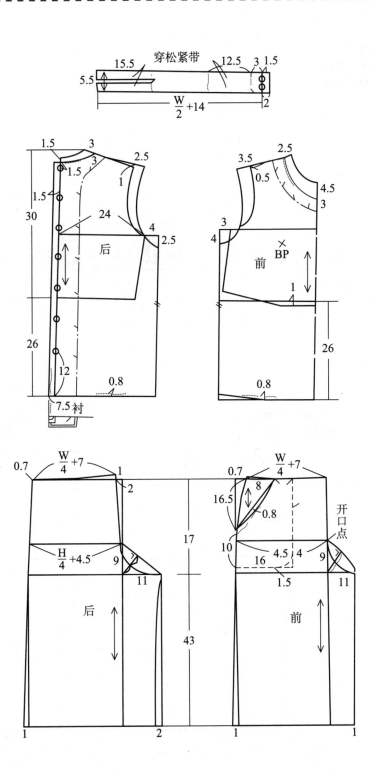

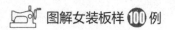
21. 七分阔腿裤

- ●面料　2.3m　门幅　90cm
- ●里布　40m　门幅　90cm
- ●衬布　40cm　门幅　90cm

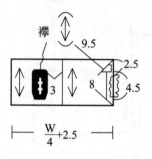

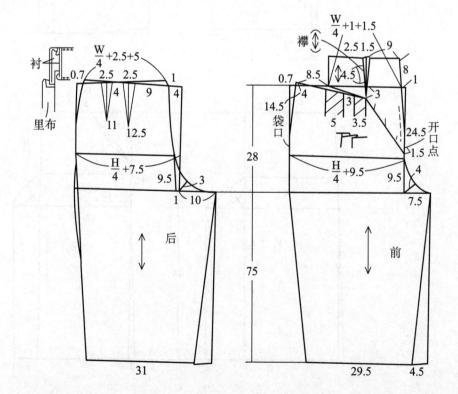

22. 时尚西裤

- ●面料 2.7m 门幅 90cm 裤长 98cm
- ●里布 2.3m 门幅 90cm 腰围 66cm
- ●衬布 30cm 门幅 90cm 臀围 98cm

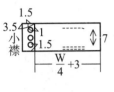

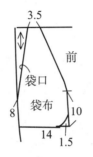

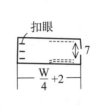

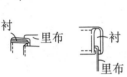

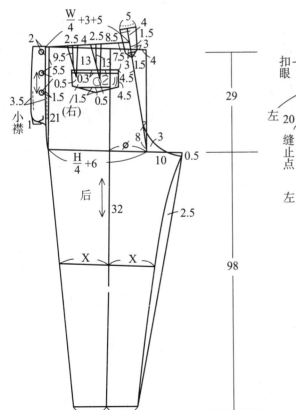

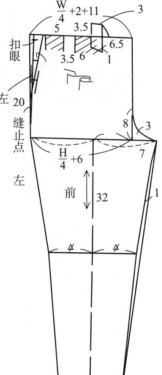

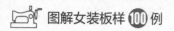

23. 传统直筒裤

- ●面料　1.3m　门幅　150cm　　裤长　96cm
- ●里布　2.1m　门幅　90cm　　腰围　60cm
- ●衬布　30cm　门幅　90cm　　臀围　90cm

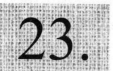

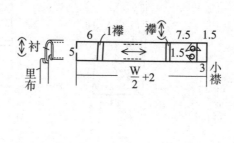

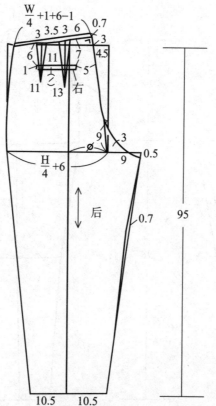

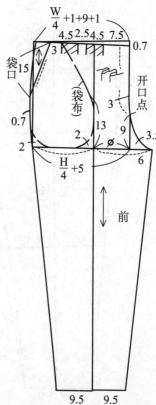

24. 花边衬衫套裙

● 面料　2.8m　　门幅　90cm
● 衬裙料　1.5m　　门幅　90cm
● 衬布少许
　　针迹宽0.1cm
　　波形花边宽3cm

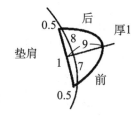

垫肩　后　厚1
0.5　8　9
1　7　前
0.5

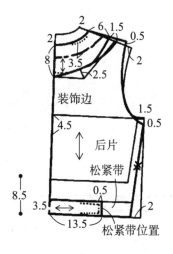

装饰边
后片
松紧带
松紧带位置

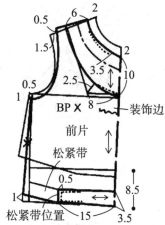

前片
BP ✕
装饰边
松紧带
松紧带位置

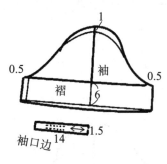

袖
褶
袖口边

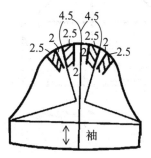

袖

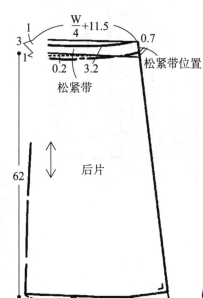

$\frac{W}{4}+11.5$
松紧带位置
松紧带
后片
62
37

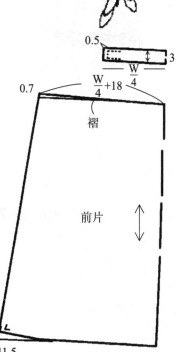

$\frac{W}{4}$
$\frac{W}{4}+18$　$\frac{W}{4}$
褶
前片
41.5

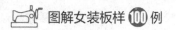

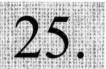

25. 衬衫裤裙

- ●面料　3.7m　　门幅　90cm
- ●衬裙料　1.5m　　门幅　90cm
- ●衬布　0.6m　　门幅　90cm
  纽扣直径1.2cm
  针迹宽0.5cm
  备注：衬裙料在裁剪时应减去裥部分的尺寸。

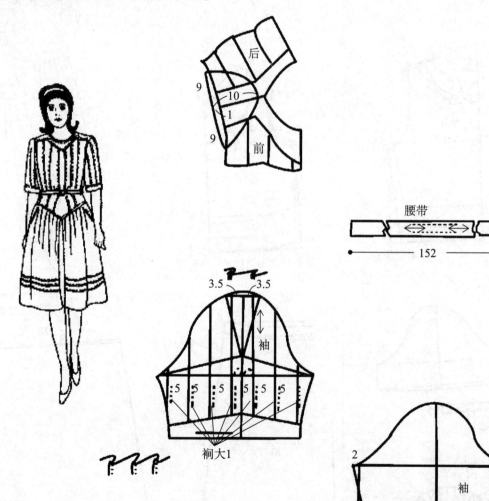

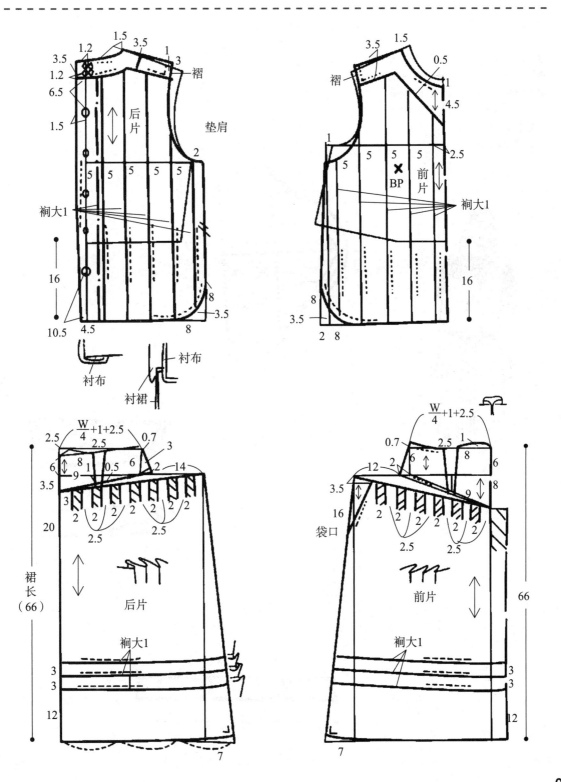

26. 夏季套裙

- 面料　2.6m　门幅　90cm
- 辅料　0.6m　门幅　90cm
- 衬裙料　1.4m　门幅　90cm
- 衬料　0.5m　门幅　90cm
  纽扣直径1.3cm
  针迹宽0.2cm

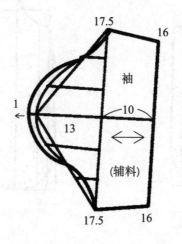

袖

（辅料）

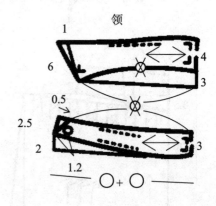

领

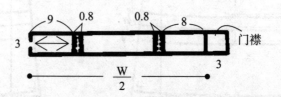

门襟

$\dfrac{W}{2}$

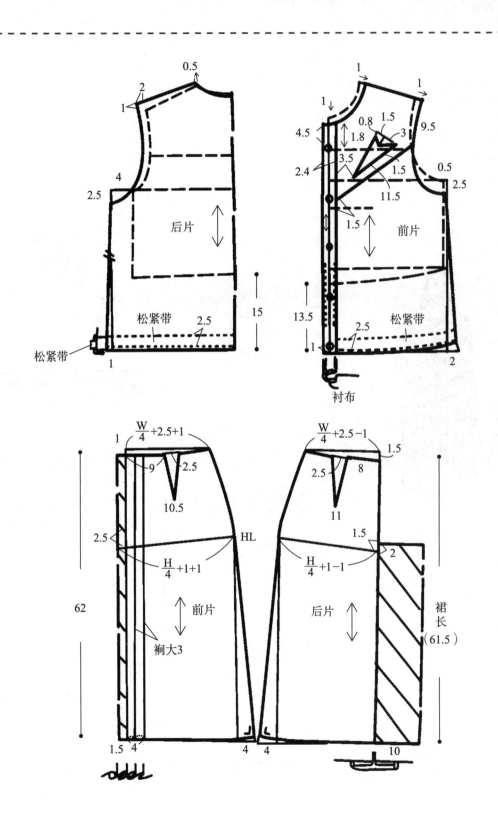

后片

前片

松紧带

松紧带

松紧带 2.5

松紧带 2.5

衬布

$\frac{W}{4}+2.5+1$

$\frac{W}{4}+2.5-1$

前片

后片

$\frac{H}{4}+1+1$

$\frac{H}{4}+1-1$

HL

裆大3

裙长（61.5）

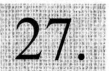

27. 休闲套裙

- ●面料　4.6m　　　　　　门幅　150cm
- ●上衣衬里、衬裙料　3.1m　门幅　90cm
- ●衬料　0.7m　　　　　　门幅　90cm

　纽扣直径1.2cm、1.5cm、7.5cm

　针迹宽0.1cm、0.7cm

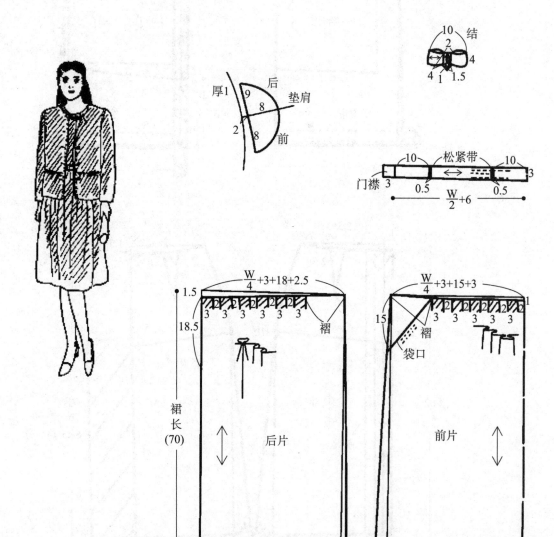

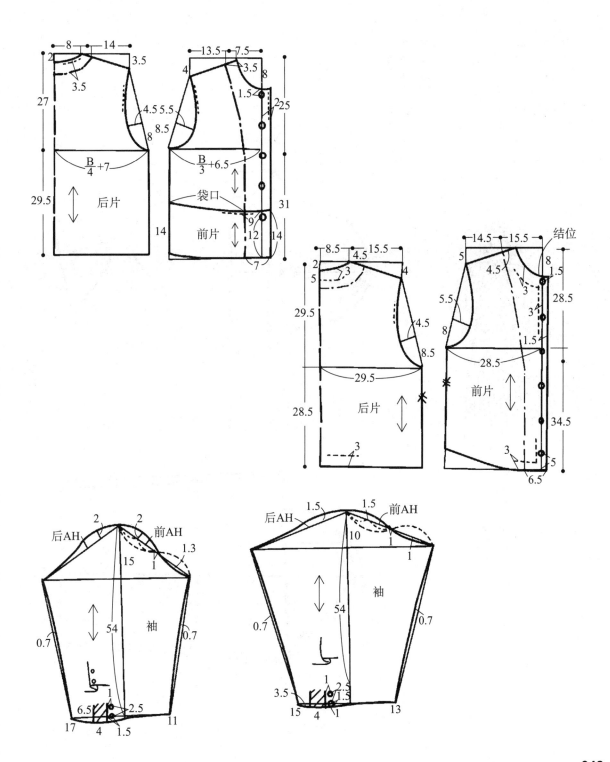

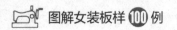
28. 职业套裙

● 面料　2.7m　　　门幅　90cm
● 衬里、衬裙料　2.6m　　门幅　90cm
● 衬料　0.6m　　　门幅　90cm
　针迹宽0.2cm
　贴边宽0.9cm

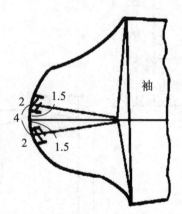

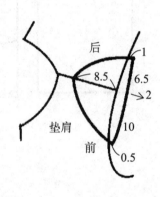

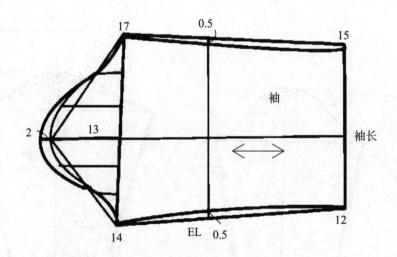

1

1

3

0.5

2.5

贴边

前片

13

2 3

8

13.5

贴边

2

13

5.5

15

1

后侧 + 下边

衬裙布

衬布

3.5

1

1

贴边

衬布

衬裙布

1

3

1

后片

15

2

贴边

1

15.5

14

3

5

$\dfrac{W}{2}$

$\dfrac{W}{4}+6+1$

0.5

6

8

$\dfrac{W}{4}+6-1$

6

1.5

8

HL

$\dfrac{H}{4}+2.5+1$

$\dfrac{H}{4}+2.5-1$

65

前片

后片

裙长
(65)

3 2.5

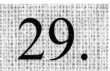

29. 无袖小衫长裤裙

- 面料 1.5m 门幅 90cm（上衣）
- 衬布 70cm 门幅 90cm（上衣）
- 面料 2.9m 门幅 90cm（裤裙）
- 衬布 15cm 门幅 90cm（裤裙）

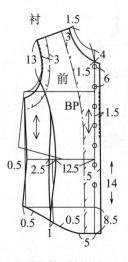

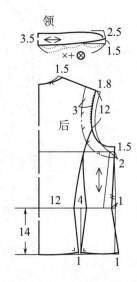

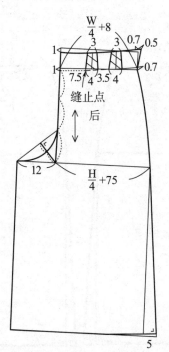

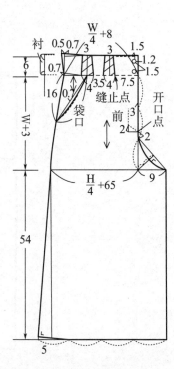

30. 圆领短衣拼接裙

- ●面料　3.5m　门幅　90cm
- ●衬料　0.4m　门幅　90cm

　纽扣直径1.5cm

　针迹宽0.2cm、0.6cm、0.8cm

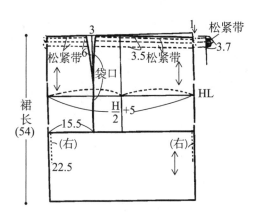

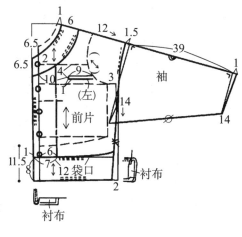

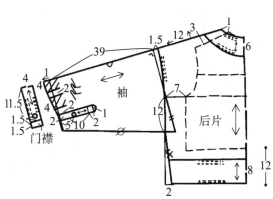

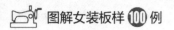
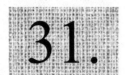

31. 短衫大摆裙

● 面料　3.4m　门幅　90cm
● 辅料　0.8m　门幅　90cm
● 衬料　35cm　门幅　98cm

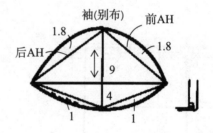

袖(别布)

后AH　前AH

1.8　　1.8

9

4

1　　1

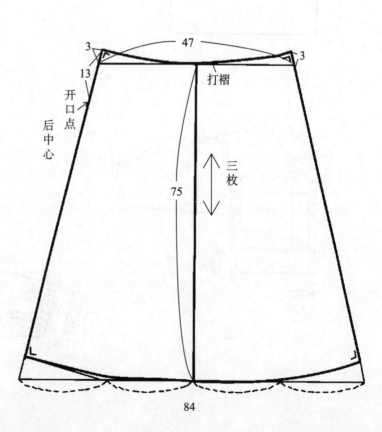

3　　47　　3

13

开口点

后中心

打褶

75

三枚

84

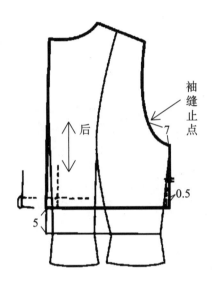

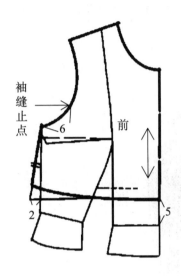

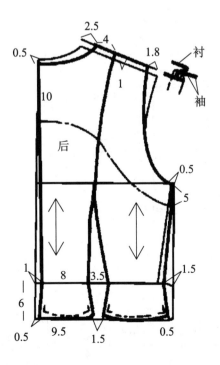

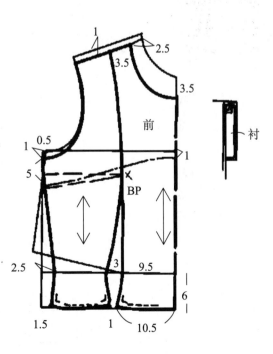

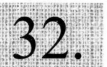

32. 西服领职业套裙

- ●面料　4.9m　门幅　90cm　　　裙长　72.5cm
- ●里布　2.7m　门幅　90cm　　　腰围　66cm
- ●衬布　80cm　门幅　90cm（厚）
　　　　70cm　门幅　90cm（薄）

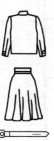

后
11 →1
10
11 →3
垫肩
11
前 →1

前

带子

里（合成革）

6　0.8　5　7.5　扣眼

$\frac{W}{2}$ +3　1

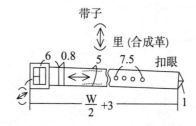

1
19
6.5
23　14
2　5.5　9　1.2　8
2　54　开口点　3　3.5
13
19　1　EL

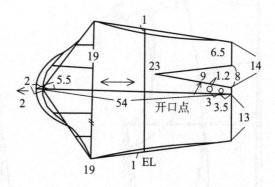

1.5　2.5　1.5　扣眼　带眼
左前　4　3　2
1　右前　0.5　0.5
$\frac{W}{2}$ +1　$\frac{W}{4}$ +0.5

后　衬　5　2
4　4
$\frac{W}{4}$ +0.5

厚衬
里布

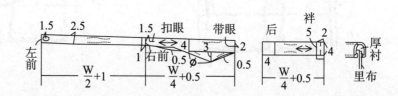

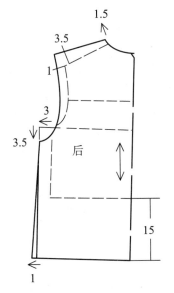

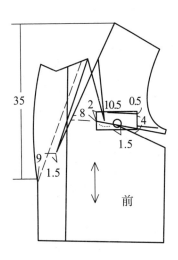

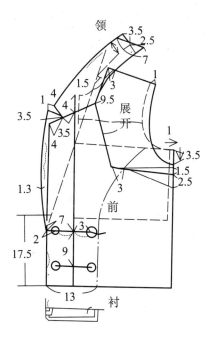

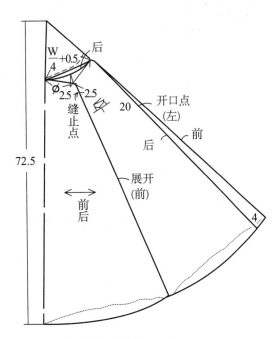

注：前片裁剪时距离缝止点应该4.5cm

33. 斜襟套裙

- 面料 3.2m　门幅 90cm（上衣）　　裙长 65cm
- 衬布 60cm　门幅 90cm　　　　　　腰围 70cm
- 面料 1.6m　门幅 90cm（裙）　　　臀围 98cm
- 里布 1.5m　门幅 90cm

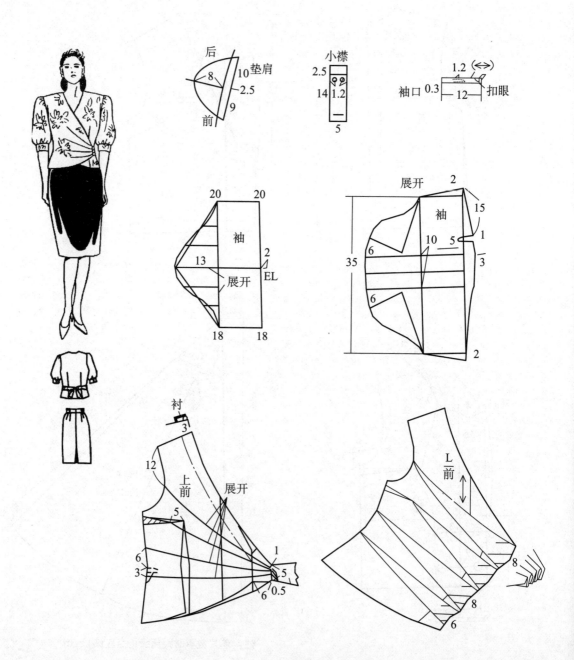

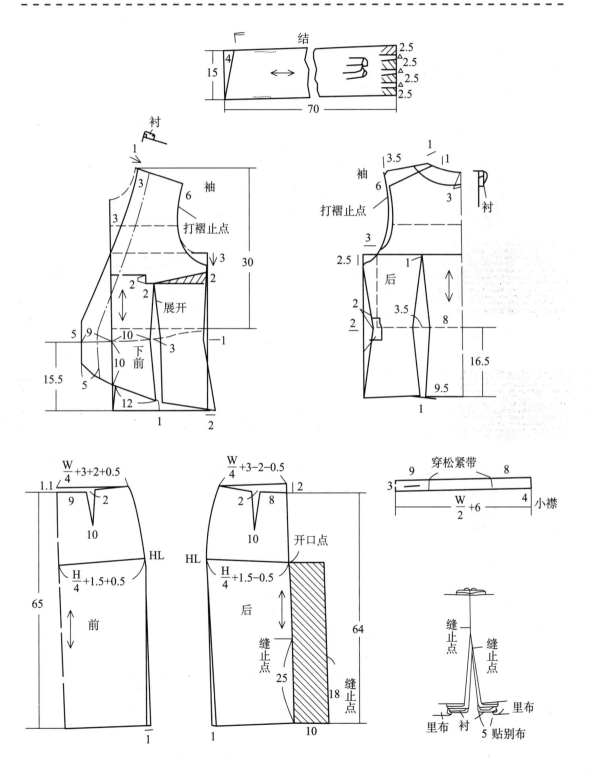

34. 短袖职业套裙

- ● 衬布　90cm　门幅　90cm　　裙长　62cm
- ● 里布　2.1m　门幅　90cm　　腰围　66cm
- ● 面料　3.5m　门幅　90cm　　臀围　96cm

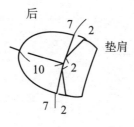

后　　垫肩

7　2

10　2

7　2

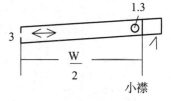

1.3

3　　$\frac{W}{2}$　　小襟

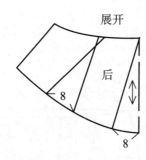

展开

后

8

8

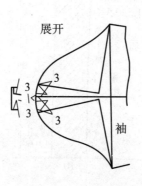

展开

3　3

3　3

袖

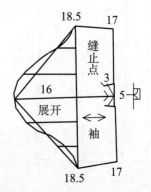

18.5　17

缝止点

16　　3

展开　　5

袖

18.5　17

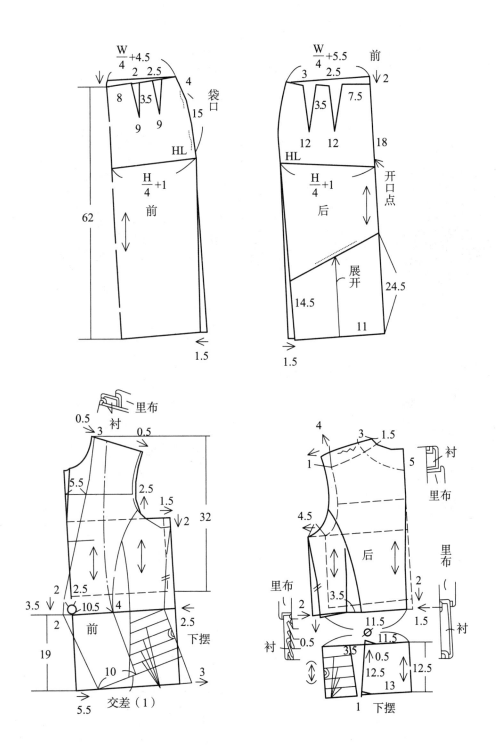

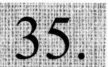
35. 盆领套裙

- 面料　2.2m　门幅　150cm
- 里布　2.2m　门幅　90cm
- 衬布　70cm　门幅　90cm

衣长　50cm　腰围　76cm
袖长　58cm　臀围　98cm
裙长　65cm　胸围　96cm

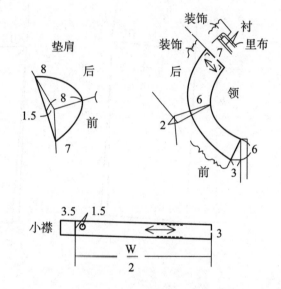

垫肩

后

前

8

8

1.5

7

装饰

装饰

衬

里布

后

领

7

6

2

6

前

3

小襟

3.5　1.5

$\dfrac{W}{2}$

3

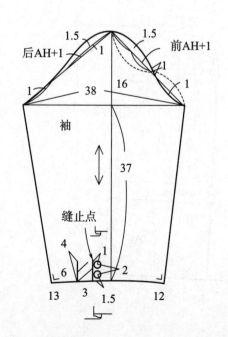

后AH+1

前AH+1

1.5

1.5

1

1

1

1

38

16

袖

37

缝止点

4

1

6

2

13

3

1.5

12

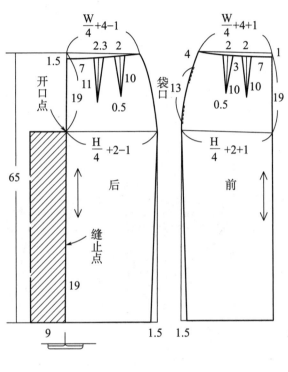

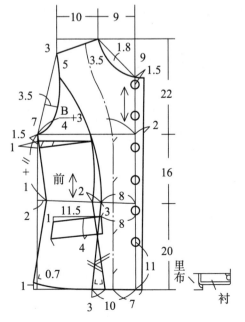

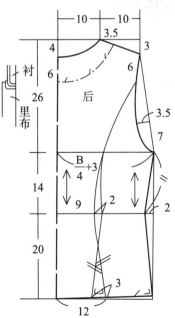

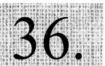

36. 无领外衣长裙两件套

- 面料　2.7m　门幅　90cm
- 衬布　80cm　门幅　90cm（外衣）
- 里料　5.3m　门幅　90cm（长裙）
- 里布　1.9m　门幅　90cm

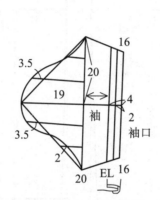

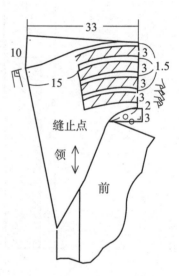

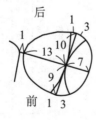

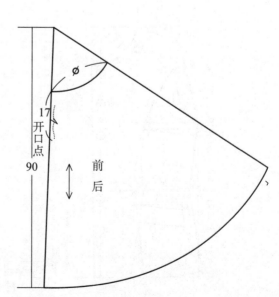

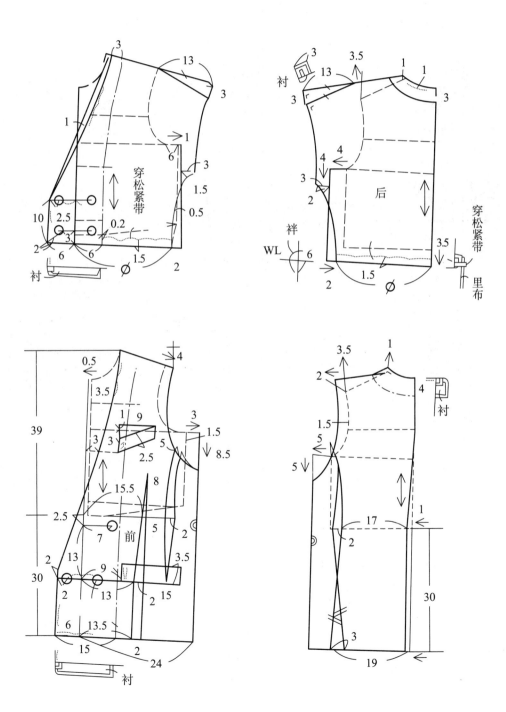

37. 夹克服套裙

- ●面料 2.9m 门幅 150cm 腰围 66cm
- ●里布 3.4m 门幅 90cm 臀围 90cm
- ●衬布 80cm 门幅 90cm

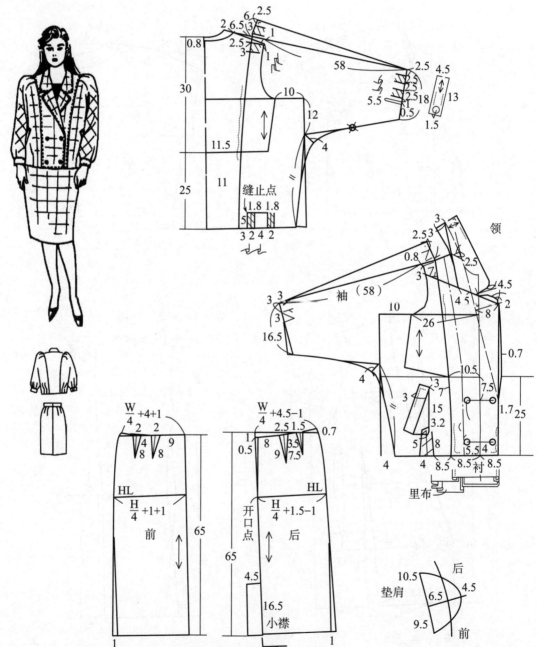

38. V领过肩袖套裙

● 面料　4.1m　门幅　112cm　　　腰围　68cm
● 里布　3.2m　门幅　90cm　　　　臀围　94cm
● 衬布　0.7m　门幅　90cm

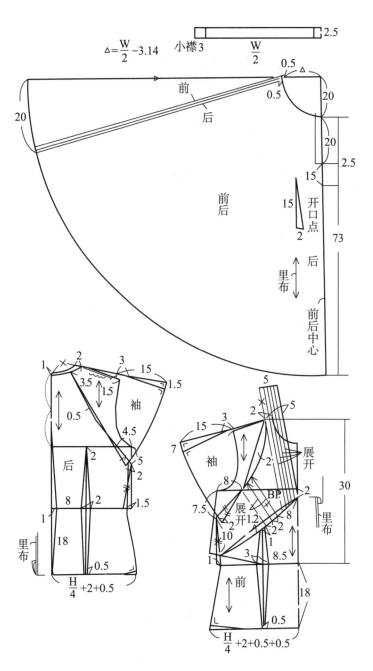

$\triangle = \dfrac{W}{2} - 3.14$

小襟3　　$\dfrac{W}{2}$　　2.5

前
后

前后

0.5　△

0.5
0.5

20

20

2.5

15

15　开口点

2

73

里布　后

前后中心

前后

20

袖

1　2　　3　　15
3.5　1.5　　1.5
0.5
后
4.5
5
2
8　2　2　1.5
1　18
里布
0.5
$\dfrac{H}{4}$ +2+0.5

5
2　5
15　3
7　袖　2
8
BP　2
7.5　展开 1.2
10　2 2
1　3　8.5
前
0.5
$\dfrac{H}{4}$ +2+0.5+0.5
18
展开
里布
30

展开
1.5　1.5
缝止点
前
贴边布
2 2
2 1 2
2

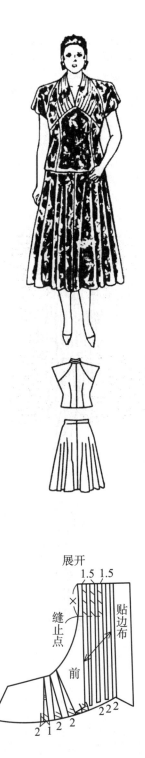

39. 方领短袖套裙

- 面料 2.1m 门幅 100cm（上衣）
- 衬布 75cm 门幅 90cm
- 面料 2.3m 门幅 100cm（裙）
- 里布 1.5m 门幅 90cm

臀围 96cm
腰围 66cm

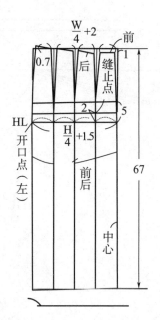

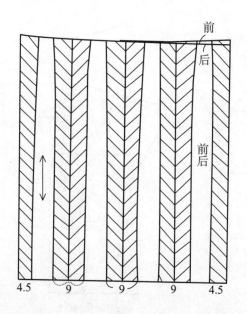

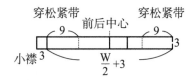

穿松紧带　　前后中心　　穿松紧带

9　　　　　　　　　　9

小襟 3　　　　　　$\dfrac{W}{2}$+3　　　3

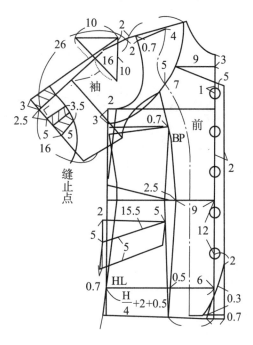

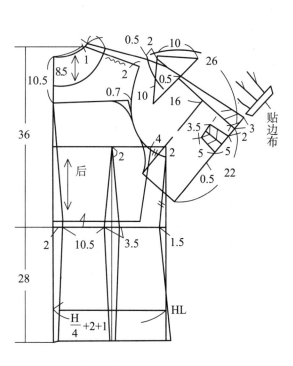

40. 商务女装套裙

- 面料　1.7m　　门幅　116cm　　腰围　68cm
- 里布　1.4m　　门幅　90cm　　臀围　98cm
- 衬布　45cm　　门幅　90cm
- 别布　1m　　　门幅　90cm

小襟

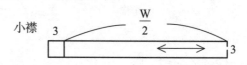

$\frac{W}{2}$

3　　　　　　　3

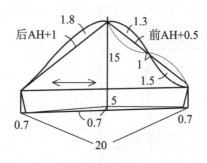

1.8　　　1.3

后AH+1　　前AH+0.5

15　　1

1.5

5

0.7　　0.7　　0.7

20

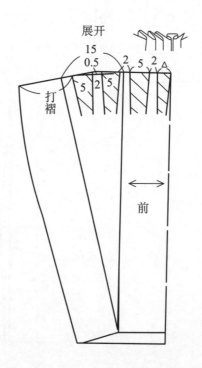

展开

15

0.5　2　5　2

5　2　5

打褶

前

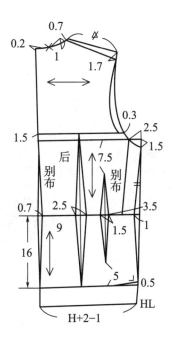

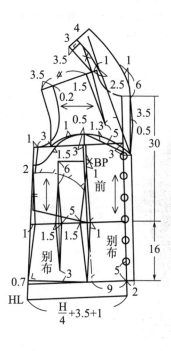

里布

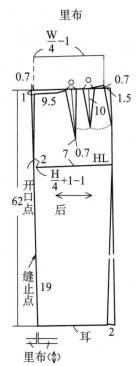

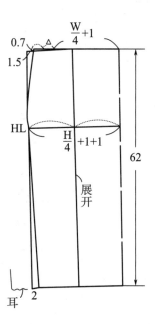

41. 办公室职业套裙

- 面料　3.3m　门幅　90cm　　腰围　68cm
- 里布　1.4m　门幅　90cm　　臀围　98cm
- 衬布　50cm　门幅　90cm

里布　衬

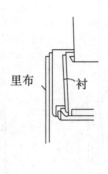

后
1.5
7
1.5
10
7
3.5
1.5　前

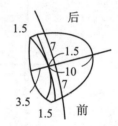

后AH−0.5　　1.8　　4　　2　　前AH+0.5
1　　　　　　　　　　　　　　1
0.3　　袖　　　20　　　　1.5
　　　　　　　　　　　　8
2.5　　　22　　　2.5

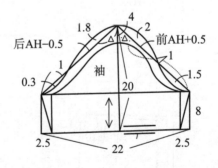

$\dfrac{W}{4}$+1.5−1　　5
12
12　后
贴边　　　9

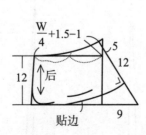

下摆　　$\dfrac{W}{4}$+1.5+1
5
12　　　　　　2.5
　　前　　12
5.5　　贴边　　1.5

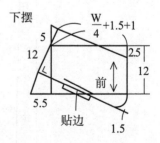

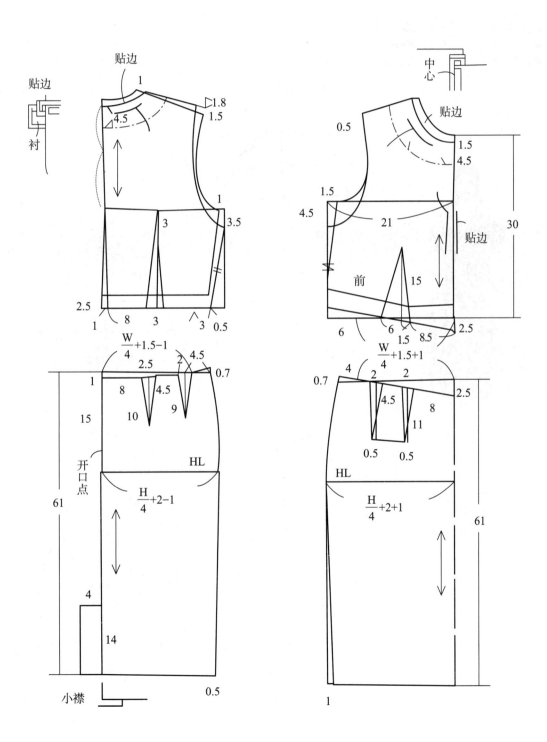

贴边

贴边

衬

贴边

1

△1.8

4.5

1.5

3

1

3.5

2.5

1

8

3

3

0.5

中心

0.5

贴边

1.5

4.5

1.5

4.5

21

贴边

前

15

30

6

6

1.5

8.5

2.5

$\frac{W}{4}+1.5-1$

2.5

2

4.5

1

0.7

8

4.5

10

9

15

开口点

HL

$\frac{H}{4}+2-1$

61

4

14

$\frac{W}{4}+1.5+1$

0.7

4

2

2

2.5

4.5

8

11

0.5

0.5

HL

$\frac{H}{4}+2+1$

61

小襟

0.5

1

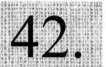
42. V领套裙

● 面料　4.7m　门幅　90cm
● 里布　1.7m　门幅　90cm
● 衬布　110cm　门幅　90cm

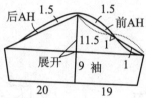

后AH　1.5　　1.5　前AH

11.5　1

展开　9　袖　1

20　　19

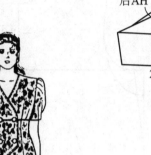

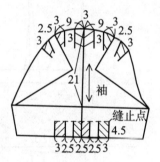

3　9　3　3　3

2.5　3　9　3　2.5

3　3　3　3

21　袖

缝止点

4.5

3 2.5 2.5 3

1

0.5　　　　1.5

3　　　1.5

后

30

24

1.5

6.5　1.5

8　3.5　　3

5　3　3

2.5

20

衬

10

1.5　　2

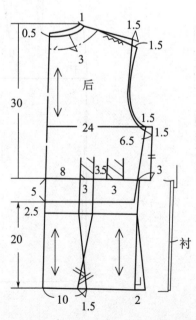

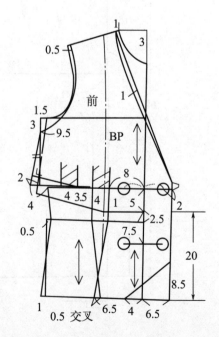

1

0.5　　　　3

前　　　1

1.5　　　　BP

3　9.5

2　　　8

4　　　1

4 3.5 4 1 5　　2

2.5

0.5　　7.5

20

8.5

1　　6.5　4　6.5

0.5 交叉

43.

春秋套裙

● 面料 2.7m 门幅 150cm 裙长 102cm
● 里布 2.3m 门幅 90cm 胸围 90cm
● 衬布 40cm 门幅 90cm
● 别布 0.6m 门幅 150cm

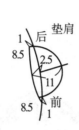

后 垫肩

1
8.5
2.5
11
8.5
前
1

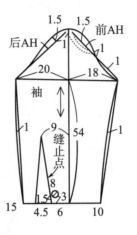

后AH 1.5 1.5 前AH
1 1
20 18
袖 1
9
缝止点
1 54 1
8
1.5 3
15 4.5 6 10

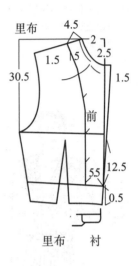

里布 4.5
2
1.5 1.5 2.5
30.5 1.5
前
5.5 12.5
0.5

里布 衬

里布 衬
里布

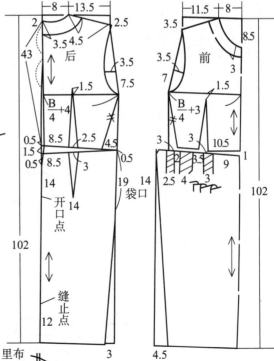

├8┤13.5┤
2 2.5
3.5 4.5
43 后
1.5
7.5
B/4+4
0.5 8.5 2.5 4.5
1.5 0.5
0.5 8.5 3
14
开口点
14
102
缝止点
12
里布 3

├11.5┤8┤
3.5 8.5
3.5 前 3
7 3
1.5
B/4+3
3 3 10.5
3 1
2 3.5 9
2.5 4 3 102

4.5

44. 大V领套装

- 面料　1.7m　　　　门幅　90cm（上衣）
- 面料　1.6m　　　　门幅　90cm（裙）
- 面料　1.5m　　　　门幅　90cm
- 衬布（包括裙子部分）　0.6m　门幅　90cm
　纽扣直径1.5cm
　针迹宽0.1cm

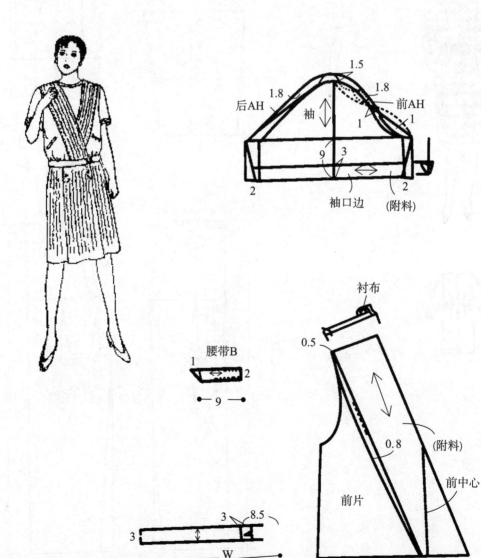

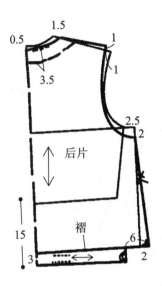

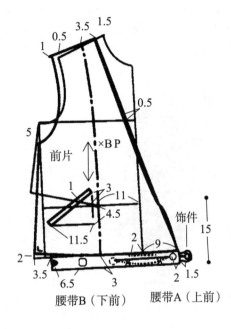

腰带B（下前）　　腰带A（上前）

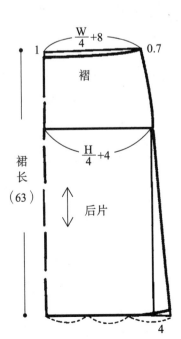

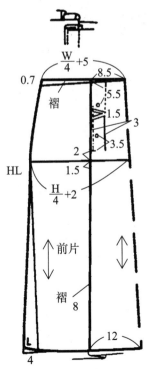

45. 层叠散摆式套裙

- ●面料　4.5m　门幅　150cm　　裙长　103cm　腰围　78cm
- ●里布　3m　门幅　90cm　　袖长　58cm　臀围　100cm
- ●衬布　70cm　门幅　90cm　胸围　98cm

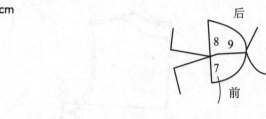

垫肩

后

8　9

7

前

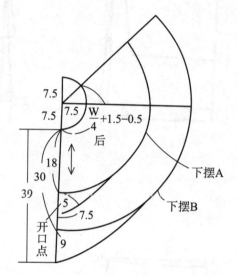

7.5

7.5　7.5　$\dfrac{W}{4}+1.5-0.5$

后

18

30

39

5

7.5

开口点

9

下摆A

下摆B

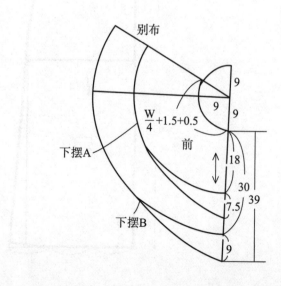

别布

9

9　9

$\dfrac{W}{4}+1.5+0.5$

前

下摆A

18

30

7.5　39

下摆B

9

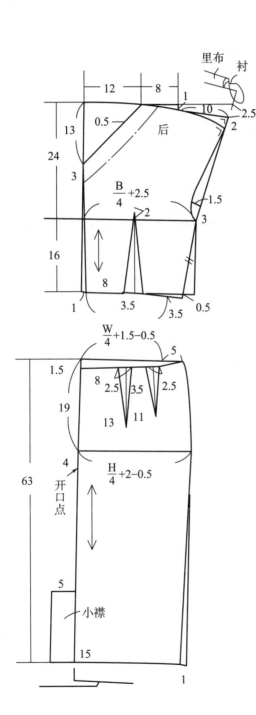

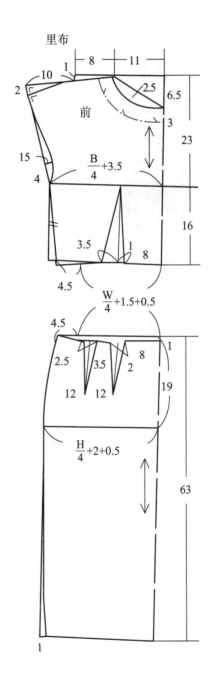

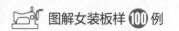

46. 传统套裙

● 面料　3m　　门幅　150cm
● 衬布　50cm　门幅　90cm

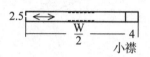

2.5

$\dfrac{W}{2}$　　4

小襟

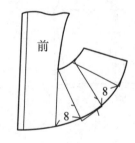

前

8

8

23

$\dfrac{W}{4}$　2.5

15 袋口

开口点

前后

后　前

1　1

66

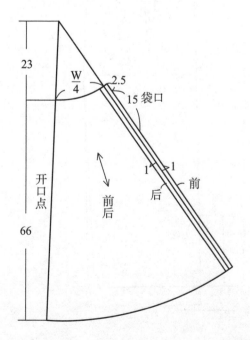

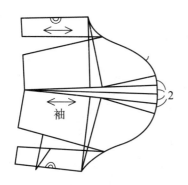

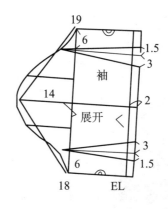

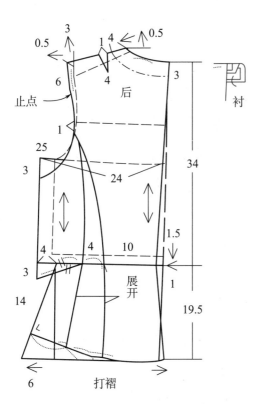

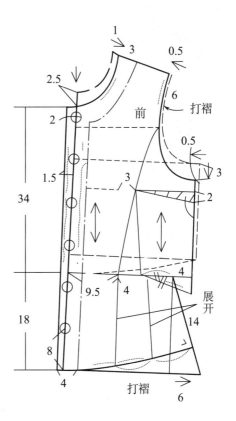

47. 春秋职业套装

- ●面料　2.8m　门幅　150cm
- ●里布　2.9m　门幅　90cm
- ●衬布　70cm　门幅　90cm
- 衣长　57cm　腰围　76cm
- 袖长　56cm　臀围　98cm
- 裙长　62cm　胸围　96cm

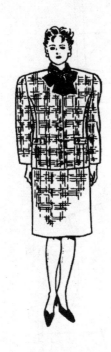

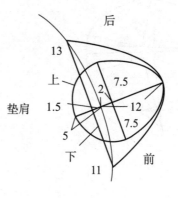

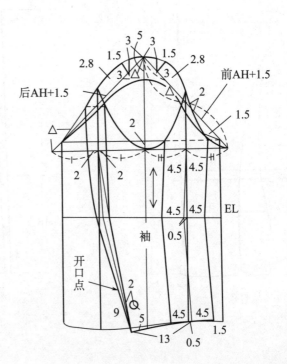

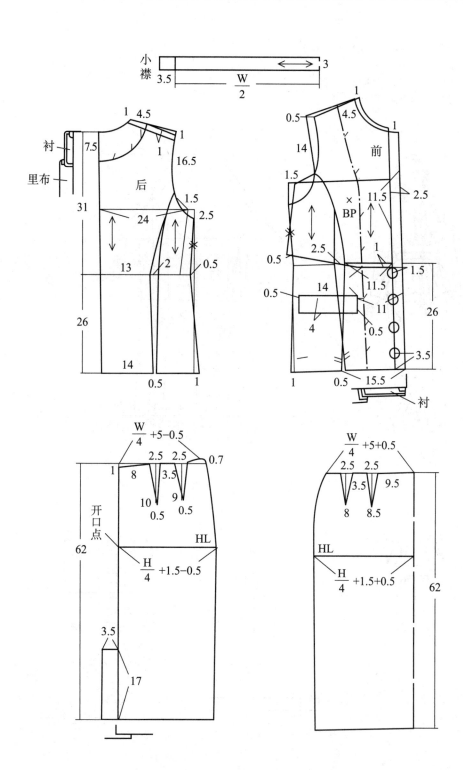

小襟

后

前

里布

衬

BP

HL

开口点

48. 春秋垂领套裙

- 面料 2.3m 门幅 150cm（上衣）
- 里布 2m 门幅 90cm
- 衬布 85cm 门幅 90cm
- 面料 2.1m 门幅 90cm（裙）

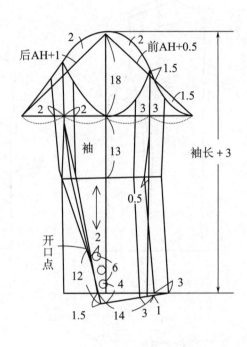

后AH+1　前AH+0.5

2　　　2

18　1.5

1.5

2　2　3　3

袖　13

袖长 +3

0.5

开口点

2

6

12　4

1.5　14　3　1

3

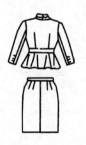

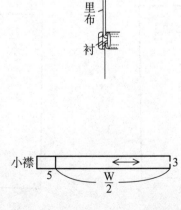

里布　衬

小襟　3
5　W/2

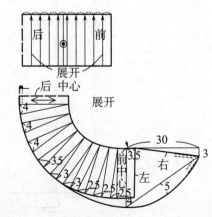

后　前

展开

后中心

展开

4
4
4
3.5
3.5
3　2.5
3　2.5　2.5
4

30

3.5　右
前中心　左
3

5

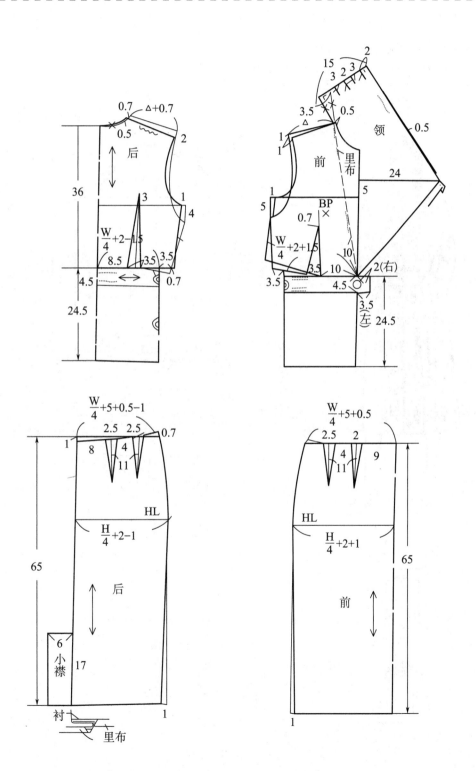

49. 特殊衣领套裙

● 面料　4.5m　门幅　90cm（上衣）
● 衬布　20cm　门幅　90cm（上衣）　　　袖长　56cm
● 面料　2.2m　门幅　90cm（裙）
● 衬布　80cm　门幅　90cm（裙）

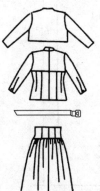

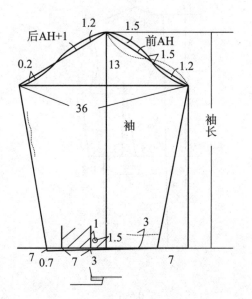

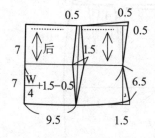

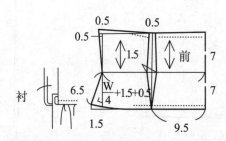

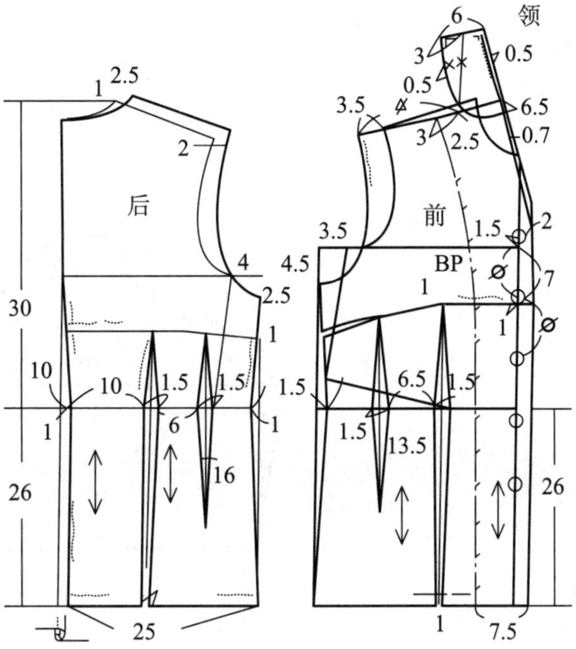

领

后

前

BP

2.5
1
2
30
4
4.5
2.5
1
10
10
1.5
1.5
1
1
6
16
26
25

6
3
0.5
0.5
3.5
3
2.5
3.5
1.5
2
7
1
6.5
1.5
1.5
13.5
1.5
1
26
7.5
0.5
6.5
0.7

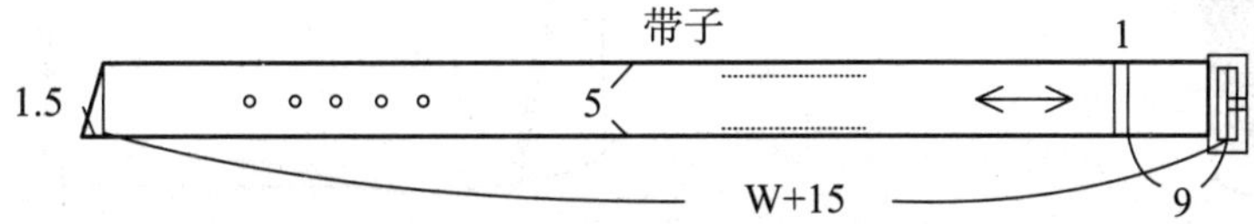

带子
1.5
5
1
W+15
9

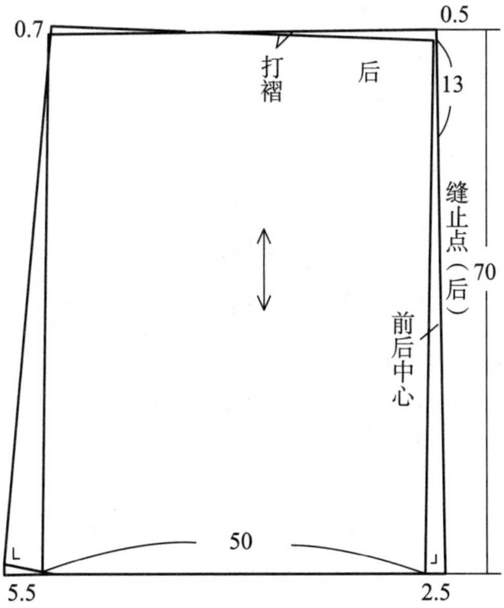

0.7
打褶
后
0.5
13
缝止点（后）
70
前后中心
50
5.5
2.5

50. 春秋方领套裙

- ●面料　3.8m　门幅　90cm
- ●里布　2.7m　门幅　90cm
- ●衬布　80cm　门幅　90cm
- 　腰围　66cm
- 　臀围　98cm
- 　袖长　58cm

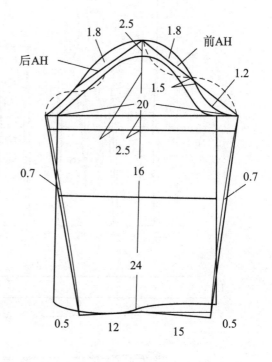

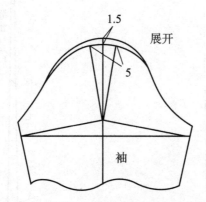

袖

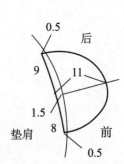

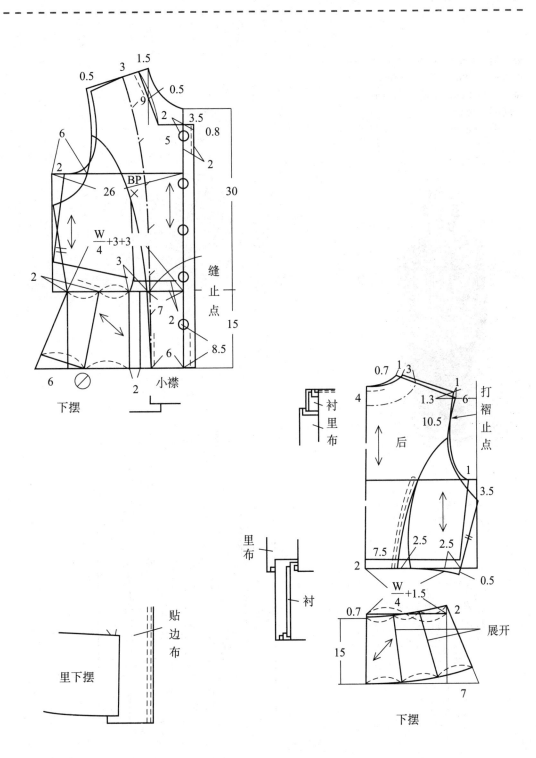

下摆

里下摆

贴边布

衬里布

里布

衬

后

打褶止点

下摆

51. 春秋圆领套裙

- ●面料　1.5m　门幅　110cm
- ●里布　1.8m　门幅　90cm
- ●衬布　70cm　门幅　90cm
- 　腰围　66cm
- 　臀围　96cm

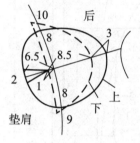

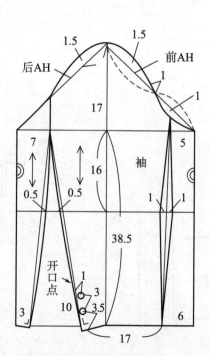

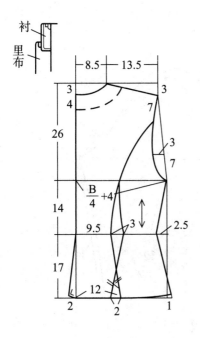

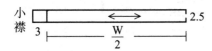

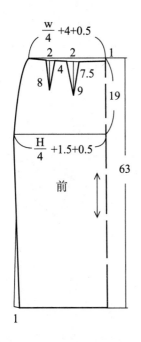

52. 偏襟套裙

- 面料 2m 门幅 150cm
- 里布 2.4m 门幅 90cm
- 衬布 70cm 门幅 90cm
- 别布 0.6m 门幅 150cm
  胸围 36cm
  腰围 66cm
  臀围 36cm

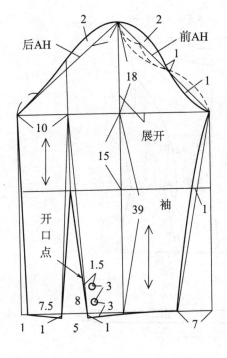

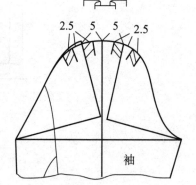

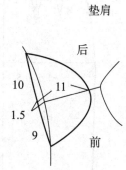

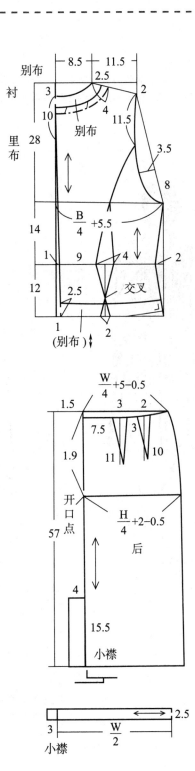

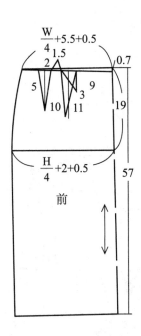

$\dfrac{W}{4}+5.5+0.5$

1.5

2

5　　9

3

10　11

0.7

19

$\dfrac{H}{4}+2+0.5$

前

57

别布
衬
里布

53. 马甲套装1

● 面料　1.2m　　　　　　　　　　门幅　90cm（马甲）
　面料（包括马甲的胸口料和拼衩）　2m　　门幅　90cm（裙裤）
备注：裙裤做好左右前后片两侧合裆后再上腰带。

拼衩

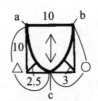

纽扣直径2

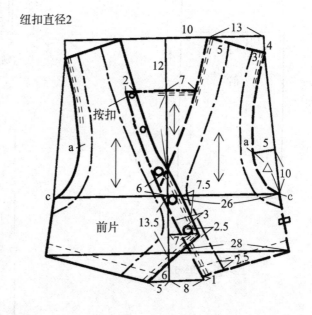

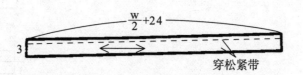

穿松紧带

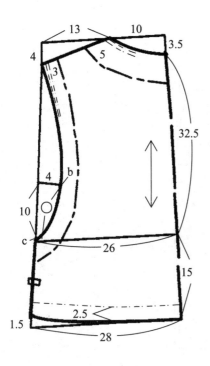

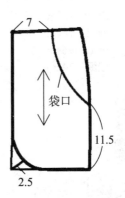

袋口

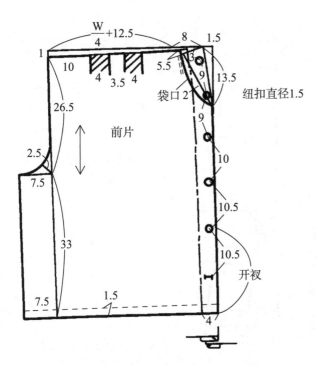

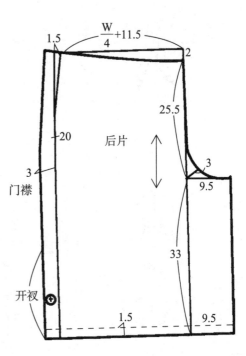

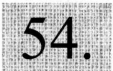

54. 冬季短衣套裙

- ● 面料　2.8m　门幅　150cm（上衣）
- ● 面料　3.3m　门幅　90cm（裙）
- ● 衬布　130cm　门幅　90cm
  - 衣长　56cm　胸围　94cm
  - 袖长　57cm　臀围　96cm
  - 裙长　80cm　腰围　74cm

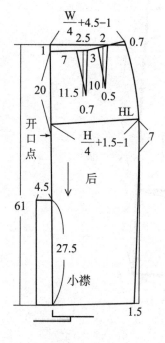

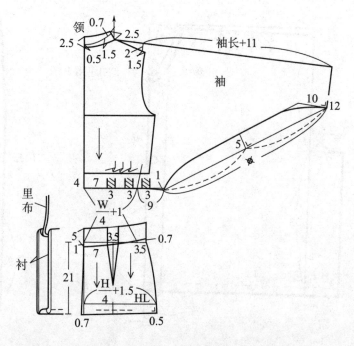

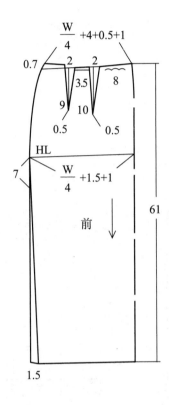

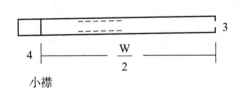

小襟

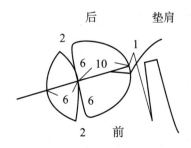

55. 盆领套裙

- 面料 2.1m　门幅 150cm
- 别布 1.2m　门幅 90cm
- 衬布 80cm　门幅 90cm
- 衣长 66cm　腰围 78cm
- 袖长 58cm　臀围 100cm
- 裙长 53cm　胸围 98cm

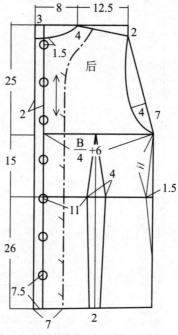

后

$$\frac{B}{4}+6$$

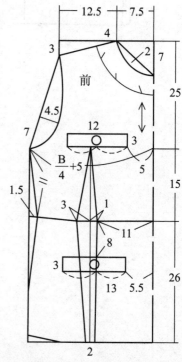

前

$$\frac{B}{4}+5$$

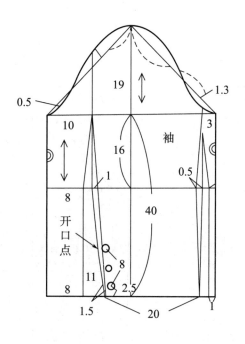

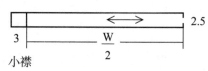

小襟

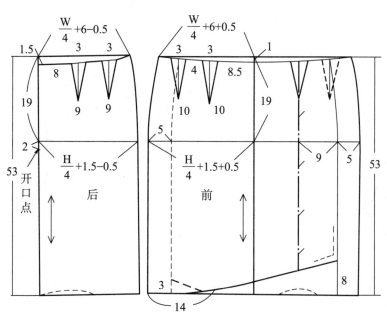

56. 双排扣套裙

- ●面料 1.9m 门幅 150cm
- ●里布 2.4m 门幅 90cm
- ●衬布 60cm 门幅 90cm
- 衣长 44cm 胸围 90cm
- 袖长 58cm 臀围 92cm
- 裙长 53cm 腰围 72cm

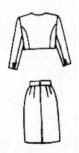

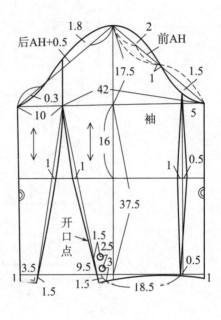

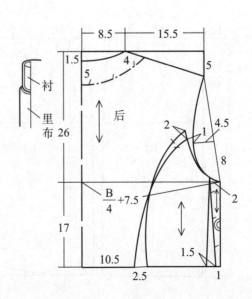

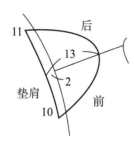

垫肩

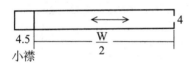

小襟

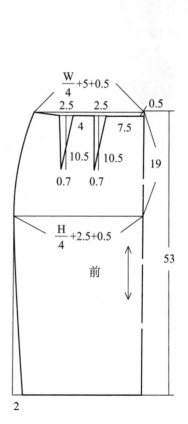

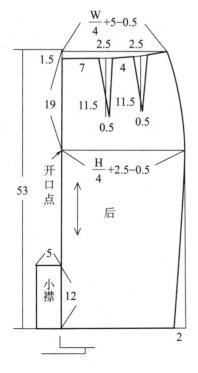

57. 时尚偏襟职业套裙

- 面料　1.5m　门幅　150cm（上衣）
- 里布　1.7m　门幅　90cm
- 衬布　70cm　门幅　90cm
  衣长　43cm　腰围　76cm
  袖长　56cm　臀围　98cm
  裙长　80cm　胸围　96cm

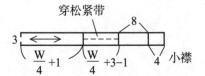

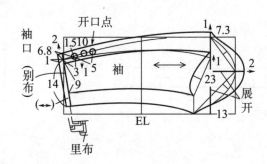

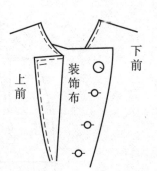

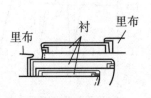

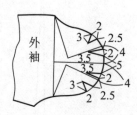

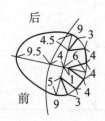

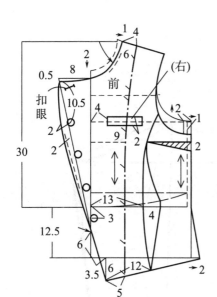

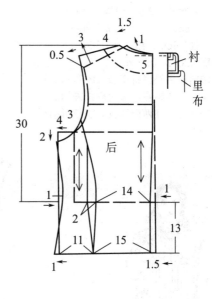

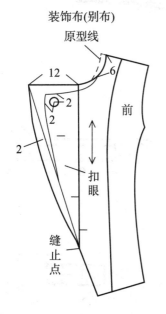

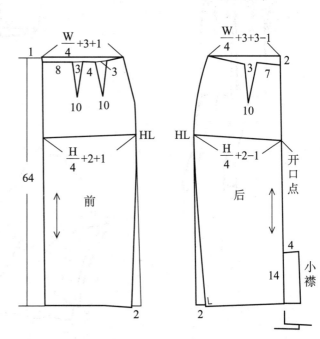

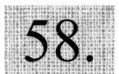
58. 紧袖宽松套装

● 面料　3.3m　　　门幅　90cm
● 辅料　0.5m　　　门幅　90cm
● 衬里、衬裙料　3m　门幅　90cm
● 衬布　0.6m　　　门幅　90cm
　纽扣直径1.8cm　纽扣大1.8cm
　针迹宽0.2cm、0.7cm
备注：辅料使用经过折褶加工的布料。衬
　　　里、衬裙料在裁剪时应减去褶部分
　　　的尺寸，在两侧开衩。领子折褶后
　　　再上。

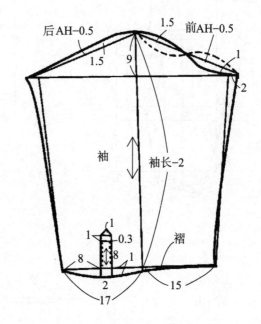

后AH−0.5　　　1.5　前AH−0.5

1.5　　9　　　1

2

袖　　袖长−2

褶

1　　0.3
1
8　8　1
2
17　　　15

1　10.5　后
垫肩　　10
1　9.5　前
1

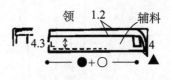

领　1.2　辅料
4.3　　　4
● + ○　▲

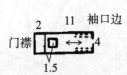

2　11　袖口边
门襟　　4
1.5

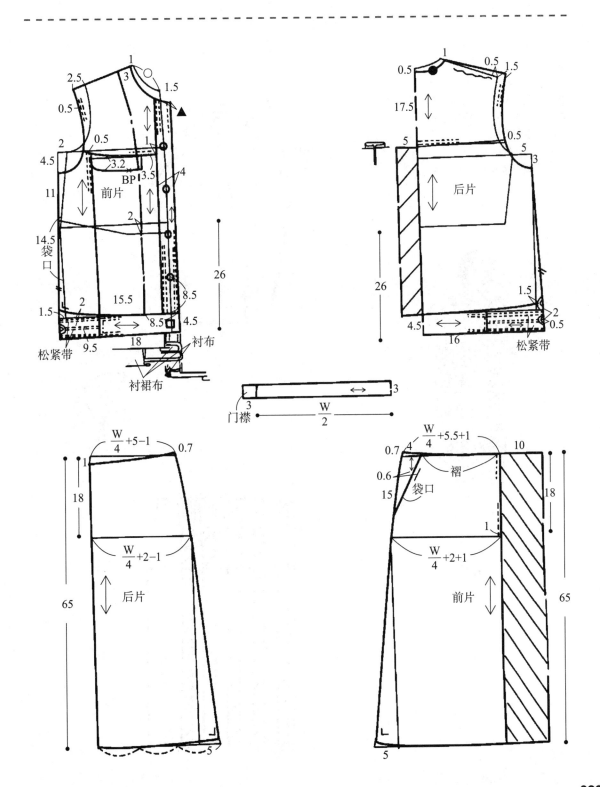

59. 短衣长袖套裙

- 面料　3.5m　　门幅　90cm
- 辅料　0.8m　　门幅　90cm
- 衬裙料　1.5m　门幅　90cm
- 衬料　0.8m　　门幅　90cm

　　纽扣直径1.8cm
　　针迹宽0.6cm
　　布襻宽0.2cm

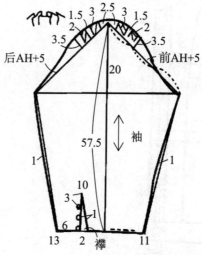

后AH+5　　　前AH+5

1.5　3　2.5　3　1.5
2　　　　　2
3.5　　　　3.5

20

57.5　　　袖

1　　　　1

10
3
1
6
13　2　襟　11

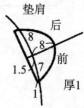

垫肩　　后
8
8　　前
1.5　7
1　　　厚1

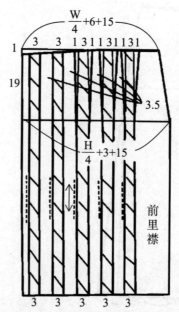

$\dfrac{W}{4}+6+15$

1　3　3　1 3 1 1 3 1 1 3 1

19

3.5

$\dfrac{H}{4}+3+15$

前里襟

3　3　3　3　3

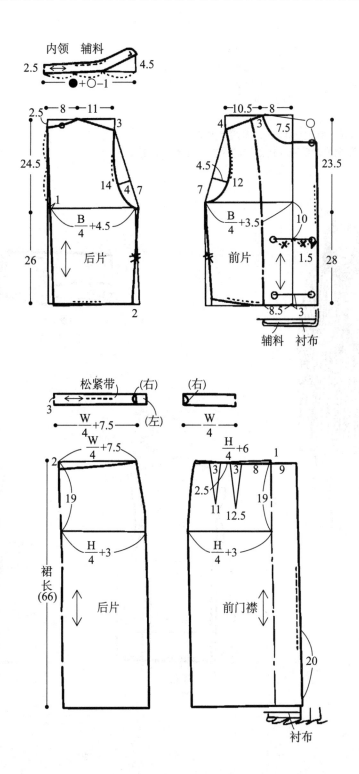

内领　辅料

2.5　　　　　　4.5

●＋○−1

2.5　8　11

24.5

1

$\dfrac{B}{4}+4.5$

26　后片

3

14　4　7

2

10.5　8

4　3　7.5

23.5

4.5

7　12

$\dfrac{B}{4}+3.5$　前片

10

1.5

28

8.5　3

辅料　衬布

松紧带　(右)

3　　　　(左)

$\dfrac{W}{4}+7.5$

$\dfrac{W}{4}+7.5$

2

19

$\dfrac{H}{4}+3$

裙长(66)　后片

(右)

$\dfrac{W}{4}$

$\dfrac{H}{4}+6$　1

3　3　8　9

2.5

11　12.5　19

$\dfrac{H}{4}+3$

前门襟

20

衬布

60. 短衣长裙套装

- ●面料　1.8m　　　　门幅　150cm
- ●辅料　0.5m　　　　门幅　90cm
- ●衬里、衬裙料　2.1m　门幅　90cm
- ●衬料　0.5m　　　　门幅　90cm
- ●合成革少量

　纽扣直径1.5cm　针迹宽0.2cm　贴边宽0.7cm

备注：衬裙料在裁剪时应减去裥部分的尺寸，在侧面开衩。

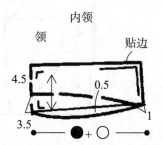

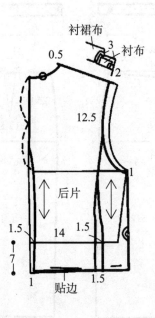

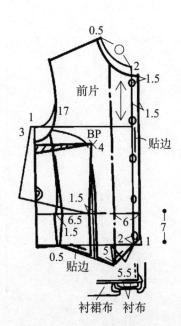

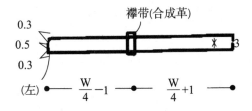

襻带(合成革)

0.3
0.5
0.3

3

(左) ● $\dfrac{W}{4}-1$ ● $\dfrac{W}{4}+1$ ●

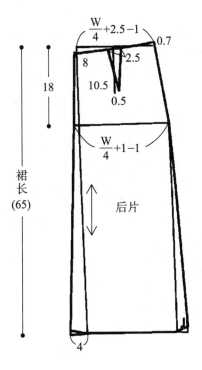

$\dfrac{W}{4}+2.5-1$

0.7

8

2.5

10.5

0.5

$\dfrac{W}{4}+1-1$

18

裙长(65)

后片

4

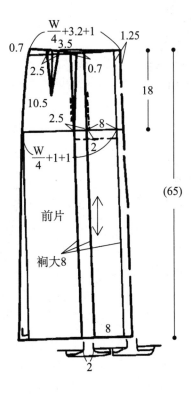

$\dfrac{W}{4}+3.2+1$

3.5

1.25

0.7

2.5

0.7

10.5

2.5

8

2

18

$\dfrac{W}{4}+1+1$

(65)

前片

裥大8

8

2

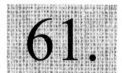

61. 办公室职业套装

● 面料　4.8m　　门幅　90cm　　　衣长　58cm　　臀围　100cm
● 衬布　150cm　　门幅　90cm　　　袖长　58cm　　裙长　112cm
● 别布　1m　　　 门幅　90cm　　　胸围　98cm　　腰围　78cm

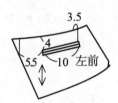

装饰带子

右（别布）　　　　左

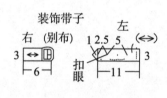

扣眼

后　垫肩

前

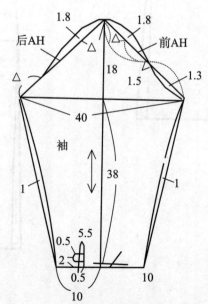

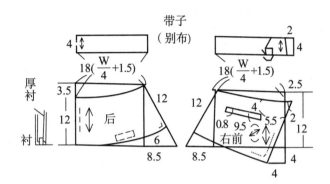

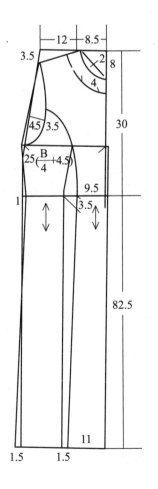

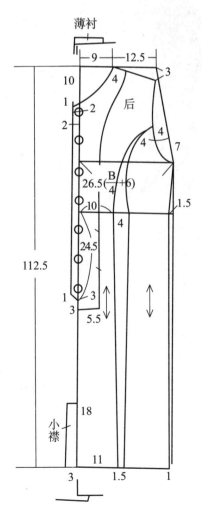

62. 三开领西服职业套装

- ●面料 2.9m 门幅 150cm 袖长 30cm 臀围 98cm
- ●里布 3.1m 门幅 90cm 衣长 60cm 腰围 76cm
- ●衬布 90cm 门幅 90cm 胸围 96cm
- ●合成革少许

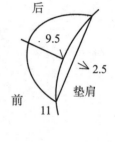

后 9.5 2.5
前 垫肩 11

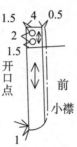

1.5 4 0.5
2
1.5
开口点 前
小襟
1

带子
里 (合成革) 6 扣眼
5
W+1 13
1

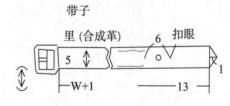

19 0.3 17
袖
16
EL
19 0.3 17

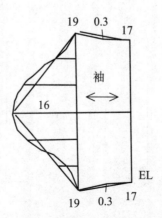

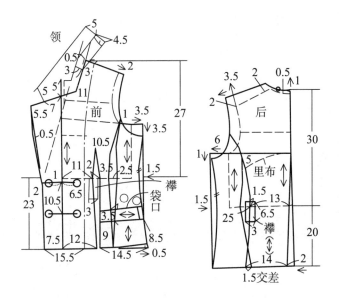

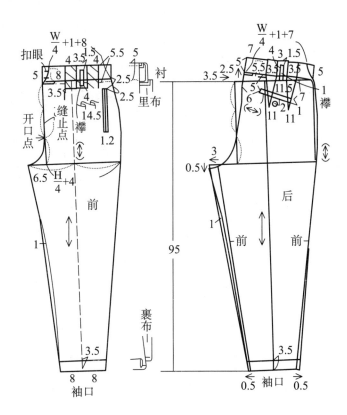

63. 西服双排扣套装

● 面料 3m 门幅 150cm   裤长 90cm
● 衬布 70cm 门幅 90cm   腰围 68cm
                              臀围 92cm

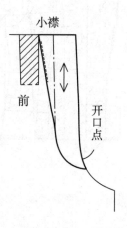

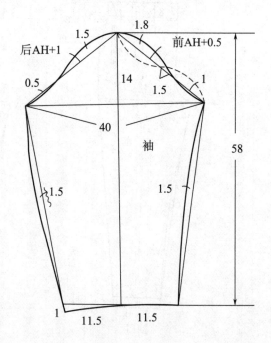

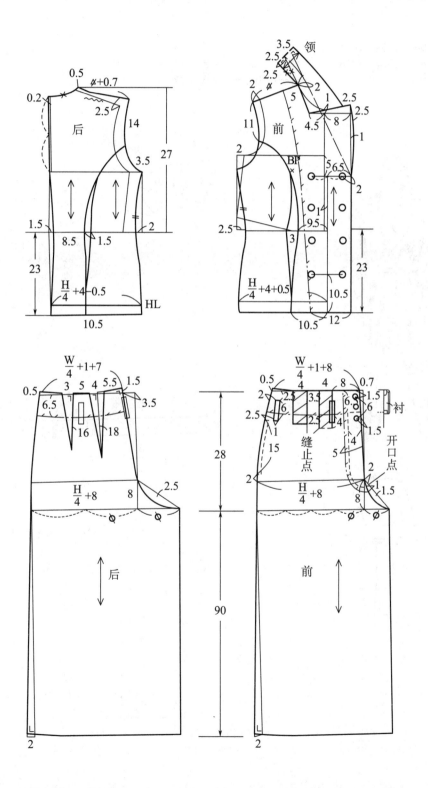

64. 三开领西服套装

- ●面料 4.5m 门幅 90cm
- ●里布 1.6m 门幅 90cm
- ●衬布 60cm

衣长 53cm 腰围 74cm
袖长 56cm 臀围 98cm
裤长 90cm 胸围 97cm

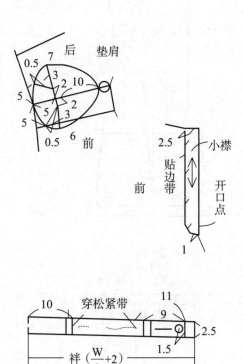

后　垫肩
0.5　7
0.5
3
5　2　10
5　2
3
5　5
5　3
0.5　6　前

2.5　小襟
贴边带
前　开口点
1

穿松紧带
10　11
9
2.5
裤 ($\frac{W}{2}$+2)　1.5

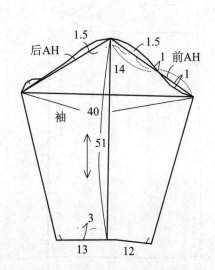

后AH　1.5　1.5
1　前AH
14　1
袖　40
51
3
13　12

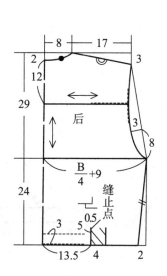

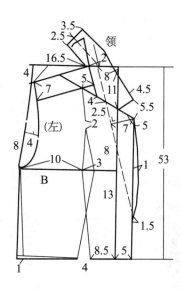

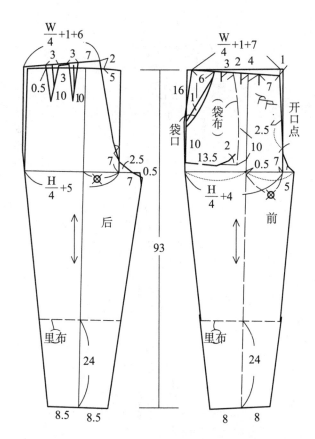

65. 夏季短袖套装

● 面料 3.5m　门幅 90cm　　腰围 70cm
● 衬布 40cm　门幅 90cm　　臀围 98cm
● 别布 少许

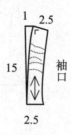

袖口

1　2.5

15

2.5

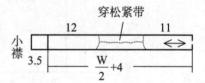

穿松紧带

12　　11

小襟
3.5

$\dfrac{W}{2}+4$

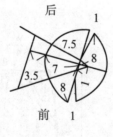

后　　1

7.5

8

3.5　7

8

前　1

3.5

小襟

缝止点

1.5

前

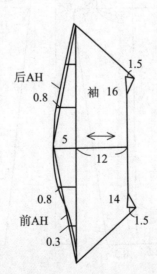

后AH

0.8

袖 16

1.5

5

12

0.8

14

前AH

1.5

0.3

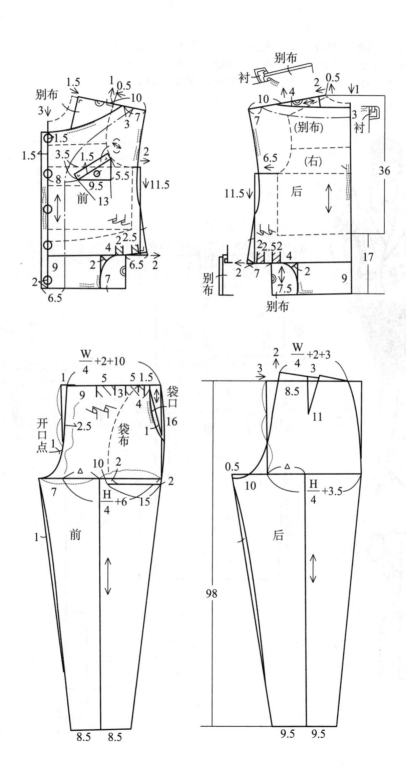

三开领西服套装

●面料 2.3m　门幅 150cm　　衣长 53cm　胸围 98cm
●里布 1.4m　门幅 90cm　　　袖长 28cm　臀围 100cm
●衬布 140cm　门幅 90cm　　　裙长 60cm　腰围 78cm

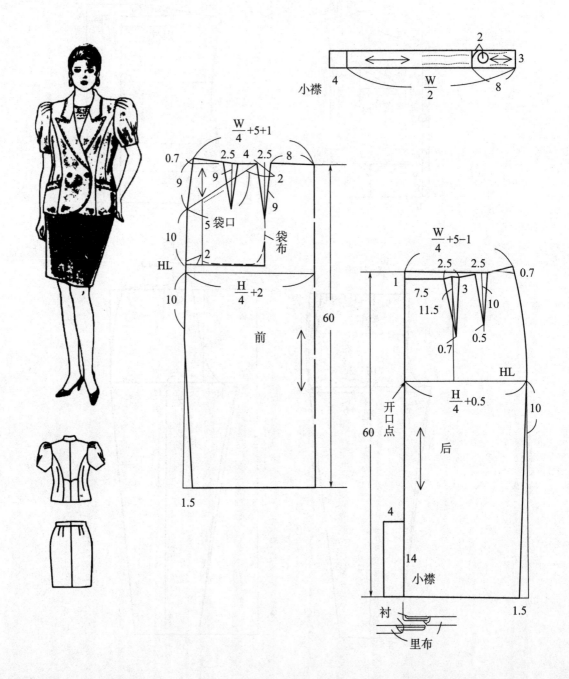

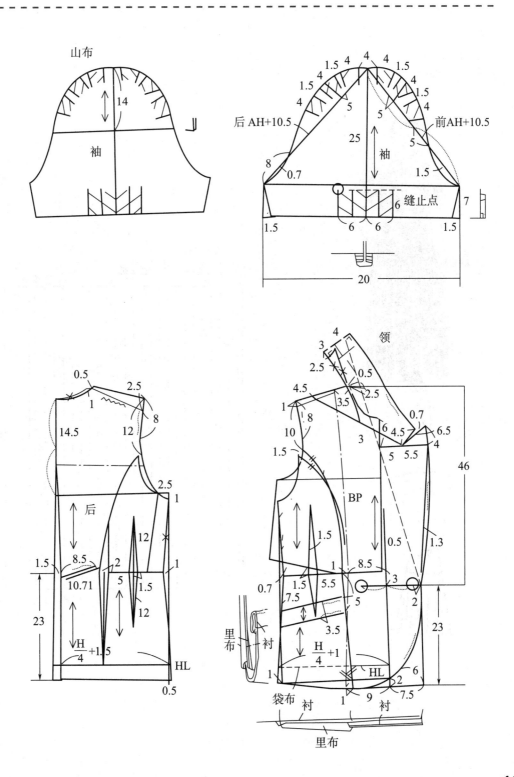

山布

袖

14

后 AH+10.5　　前 AH+10.5

1.5　4　4　4　1.5
1.5　　　　　　　1.5
4　　5　　　5　　4
　　　　25　　5
8　　　　　　　1.5
0.7

袖

缝止点

6
1.5　6　6　1.5　　7

20

领

0.5

4
3
2.5
4.5　　3.5　　0.5
1　　　　　2.5
8　　　3　6　4.5　6.5
10　　　　　　　5　5.5　4
1.5　　　　　　　　46
BP
0.5　1.3
1.5
0.7　1.5　5.5　1　8.5　3
7.5　　　　　　5　　2
3.5
里布　衬
H/4+1
HL
1　　　9
袋布　衬　　衬
里布

0.5
1
2.5
14.5　　12
8
2.5
后　　1
8.5　2　　1
1.5　10.71　5　1.5
12　12
23
H/4+1.5
HL
0.5

23

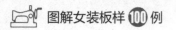

67. 立领衫大摆裙套装

● 面料　4.4m　　门幅　112cm　　腰围　68cm
● 衬布　125cm　　门幅　90cm　　臀围　98cm

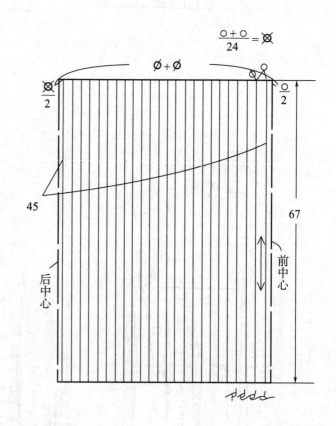

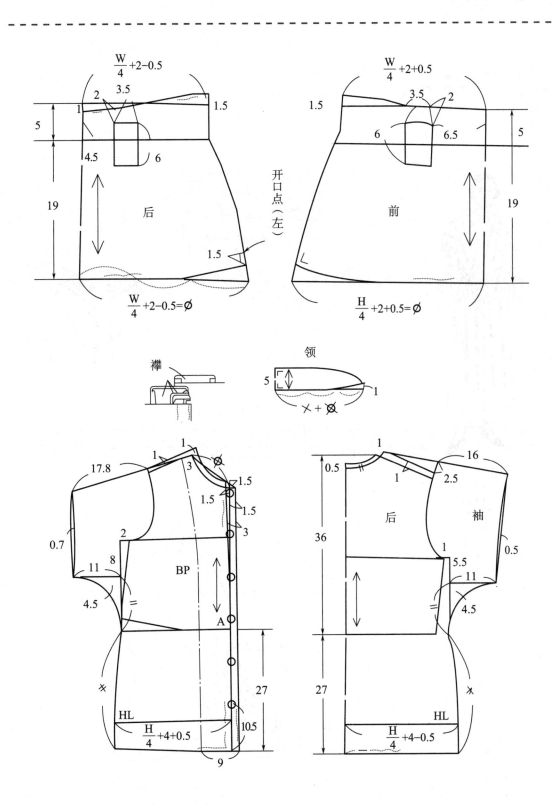

$\dfrac{W}{4}$+2−0.5

3.5

2

1

1.5

5

4.5

6

19

后

开口点（左）

$\dfrac{W}{4}$+2−0.5=∅

$\dfrac{W}{4}$+2+0.5

3.5

2

1.5

6

6.5

5

19

前

$\dfrac{H}{4}$+2+0.5=∅

襻

领

5

1

╳ + ⊗

17.8

1

1

3

⊗

1.5

1.5

1.5

0.7

2

3

11

8

BP

4.5

=

A

27

HL

$\dfrac{H}{4}$+4+0.5

10.5

9

1

16

0.5

1

2.5

36

后

袖

1

5.5

0.5

11

4.5

=

27

HL

$\dfrac{H}{4}$+4−0.5

╳

68. 偏襟裙裤套装

- 面料　4.8m　门幅　90cm　　腰围　70cm
- 里布　2m　　门幅　90cm　　臀围　98cm
- 衬布　60cm　门幅　90cm

合成革少许

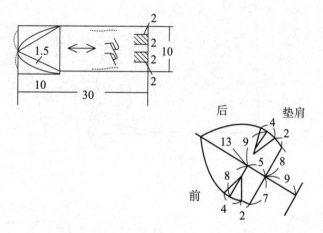

里（合成革）

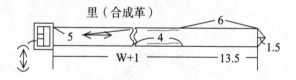

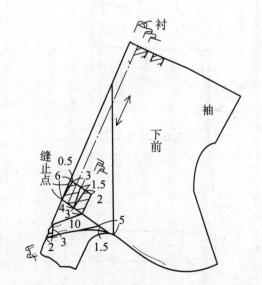

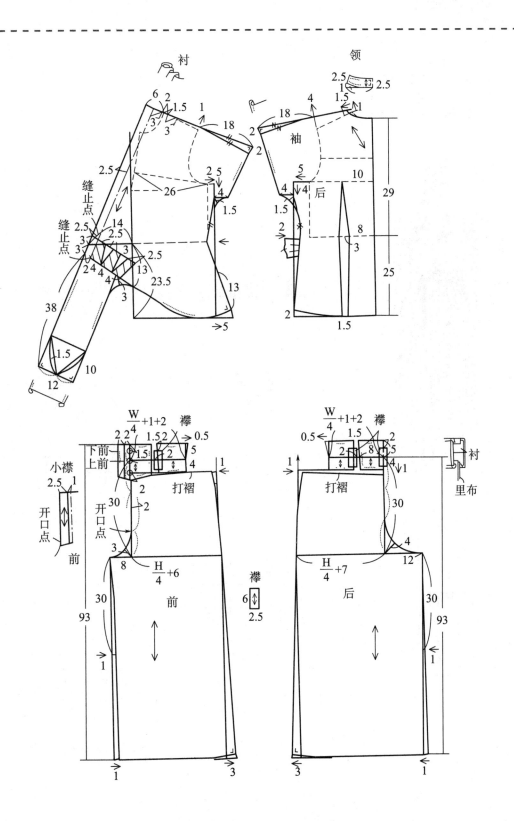

衬

领

袖

后

缝止点

缝止点

小襟

$\frac{W}{4}$+1+2　襟

$\frac{W}{4}$+1+2　襟

下前
上前

打褶

打褶

衬

里布

开口点

开口点

开口点

前

$\frac{H}{4}$+6

襟

$\frac{H}{4}$+7

后

前

69. 大翻领短袖衫裙裤套装

● 面料　5.3m　　门幅　90cm
● 里布　1.9m　　门幅　90cm
● 衬布　80cm　　门幅　90cm

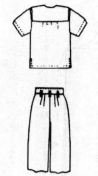

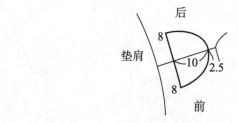

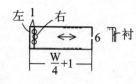

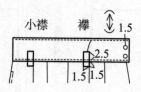

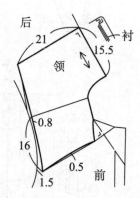

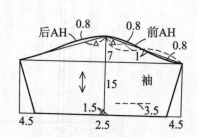

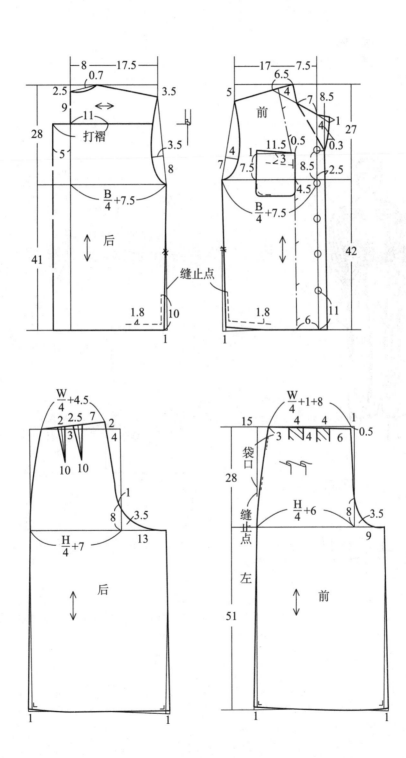

70. 盆领宽松收腰套装

- 面料 4.5m 门幅 90cm
- 衬布 30cm 门幅 90cm
  胸围 34cm
  腰围 62cm
  臀围 98cm

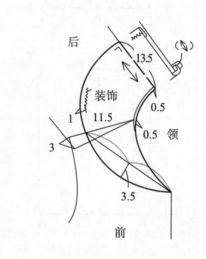

后
装饰
13.5
0.5
1 11.5
0.5 领
3
3.5
前

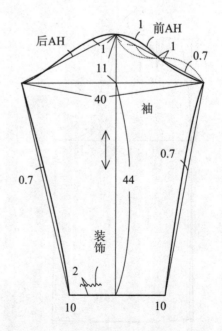

后AH 1 前AH
1 1
11 0.7
40 袖
0.7
0.7 44
装饰
2
10 10

上衣

后片

- 9
- 14.5
- 2
- 1
- 4
- 25
- 后
- 3
- 7
- $\dfrac{B}{4}+5.5$
- 16
- 3.5
- 30
- 装饰
- 2
- 1

前片

- 14.5
- 9
- 4
- 1
- 1.5
- 16.5
- 24
- 3.5
- 前
- 6.5
- $\dfrac{B}{4}+4.5$
- 16
- 3.5
- 30
- 装饰
- 2
- 1

裤

后片

- $\dfrac{W}{4}+0.5+5$
- 襻
- 衬
- 2
- 2
- 6
- 3
- 4
- 1
- 5
- 7.5
- 4
- 3
- 2.5
- 2.5
- 4.5
- 10
- 9
- 1
- 9
- 3
- 11
- $\dfrac{H}{4}+8$
- 后
- 27
- 14
- 57
- 28
- 4.5

前片

- $\dfrac{W}{4}+0.5+10$
- 1.5
- 6
- 1.5
- 3
- 2
- 8
- 1.5
- 5
- 4.5
- 5
- 1.5
- 袋口
- (袋布)
- 0.5
- 1.5
- 1.5
- 2
- 1
- 9
- 3
- 6
- $\dfrac{H}{4}+8$
- 前
- 26
- 4.5

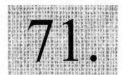

71. 牛仔休闲套装

- ●面料 4.8m 门幅 90cm（上衣）
- ●面料 95cm 门幅 90cm（裤）
- ●衬布 2.3m 门幅 90cm（上衣）
- ●衬布 50cm 门幅 90cm（裤）
- 腰围 62cm
- 臀围 96cm
- 袖长 56cm

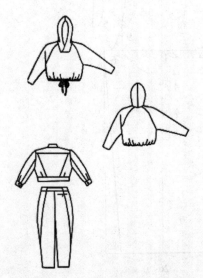

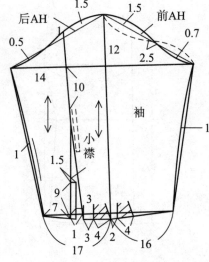

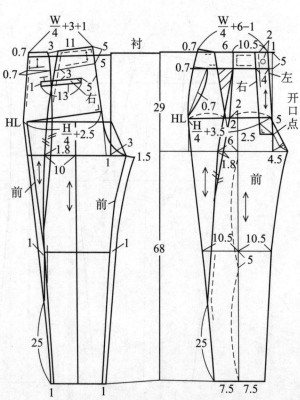

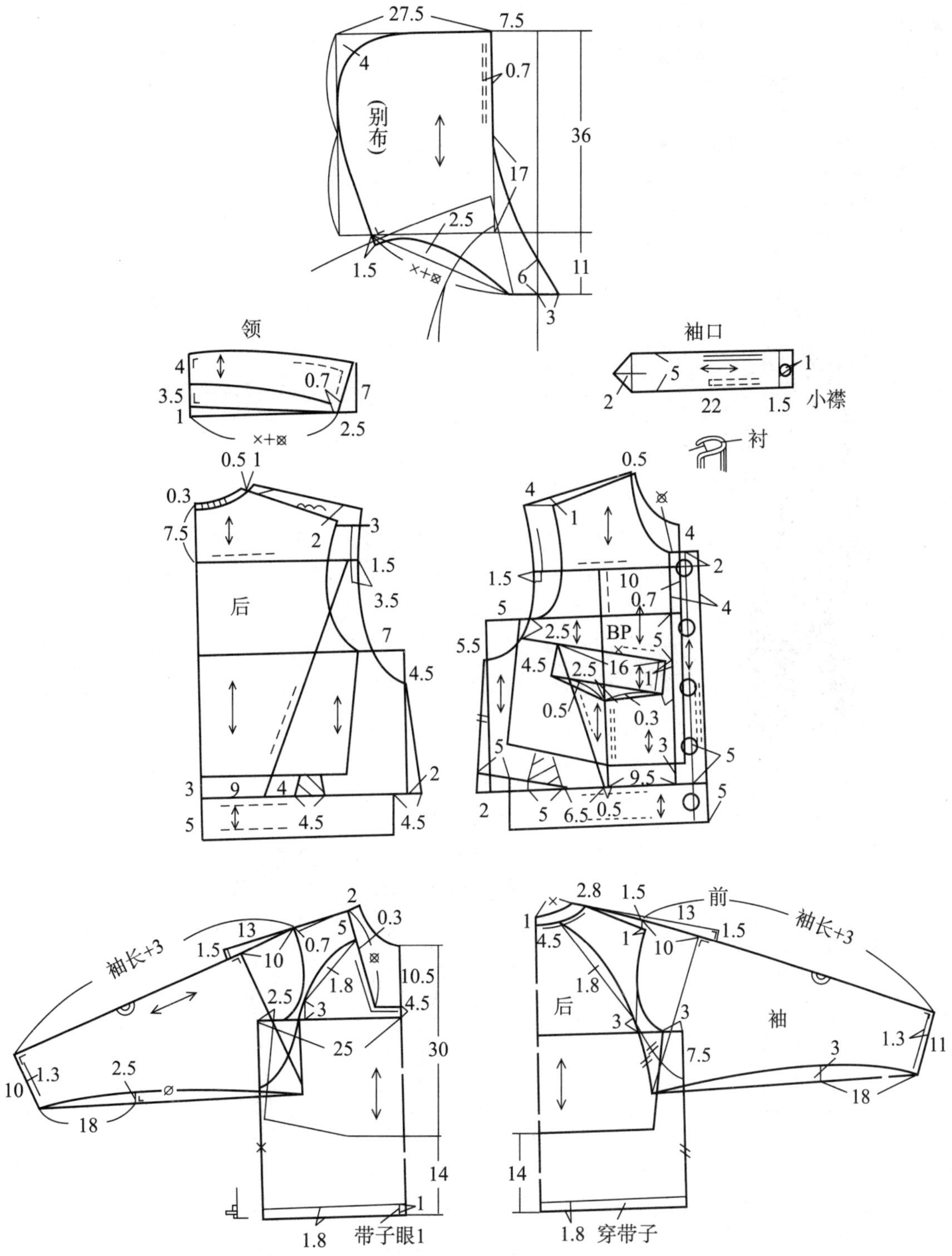

领

袖口

小襟

衬

后

BP

前

袖长+3

袖长+3

后

袖

带子眼1

穿带子

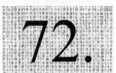
72. 三开领斜襟套装

- 面料　3.4m　门幅　90cm（上衣）
- 衬布　95cm　门幅　90cm（上衣）
- 面料　1.9m　门幅　150cm（裤）
- 里布　0.4m　门幅　90cm
- 衬布　10cm　门幅　90cm（裤）
  　腰围　70cm
  　臀围　98cm
  　袖长　58cm

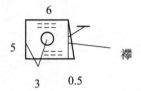

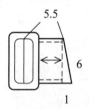

装饰带子

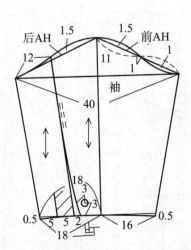

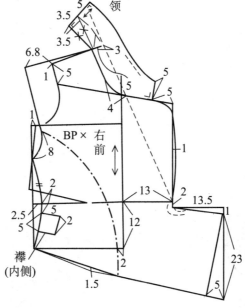

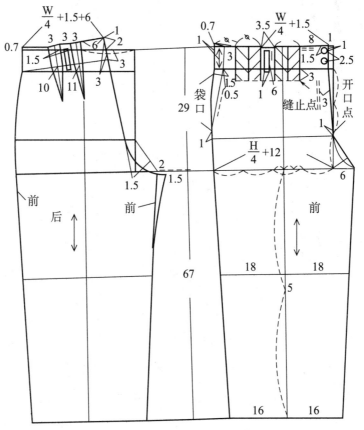

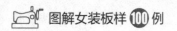
73. 双排扣短衣裙裤套装

● 面料　5.2m　门幅　90cm
● 衬布　80cm　门幅　90cm
　腰围　68cm
　臀围　98cm
　袖长　57cm

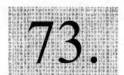

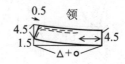

领

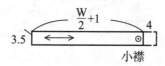

小襟

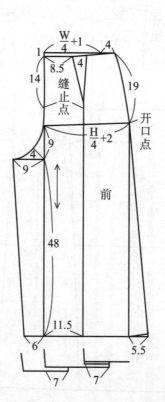

前

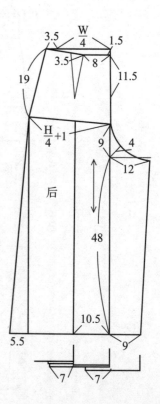

后

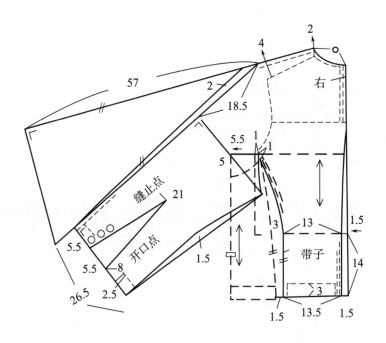

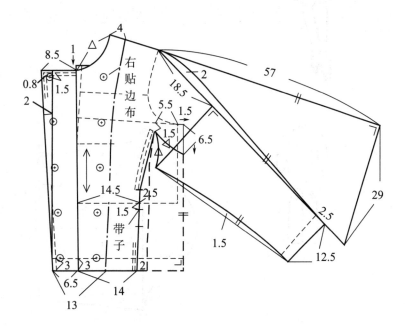

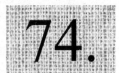

74. 三开领西服套装

- ●面料 2.3m 门幅 150cm
- ●里布 1.5m 门幅 90cm
- ●衬布 80cm 门幅 90cm
- 腰围 66cm
- 臀围 96cm
- 袖长 32cm

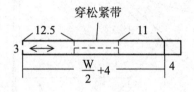

穿松紧带

12.5　　　11

3　　　　4

$\dfrac{W}{2}+4$

2
2.5　2
12
6

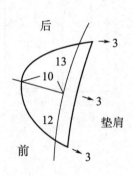

后

13
10
12

3
3
3

垫肩

前

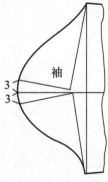

袖

3
3

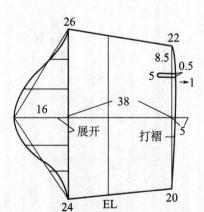

26

22
8.5
5　　0.5
1

16　　38

展开　　打褶

5

24　EL　20

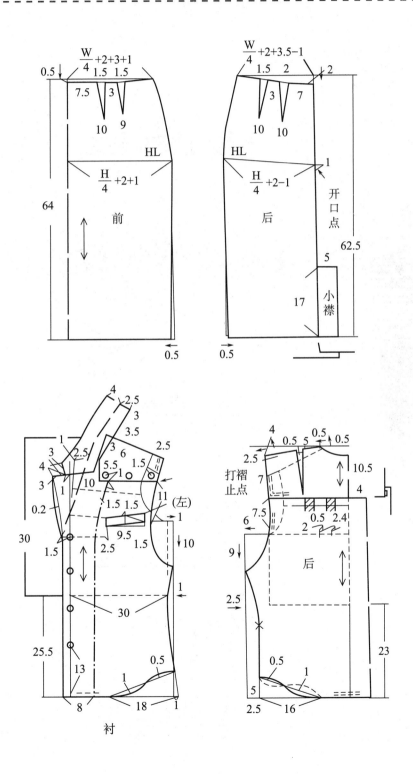

$$\frac{W}{4}+2+3+1$$

0.5

1.5　1.5

7.5　3

10　9

HL

$$\frac{H}{4}+2+1$$

64

前

0.5

$$\frac{W}{4}+2+3.5-1$$

1.5　2

2

3　7

10　10

HL

$$\frac{H}{4}+2-1$$

1

后

开口点

62.5

5

小襟

17

0.5

4

2.5
3
3.5

3

1

2.5
4
3

0.2

30

1.5

25.5

13

3　6
5.5　1
10

2.5

1.5 1.5

9.5 1.5

2.5

30

8

1

0.5

18

2.5

1.5

11 (左)
1

10

1

0.5

1

衬

4

0.5 5　0.5

2.5

打褶
止点

7

6

7.5

9

2.5

5

2.5

0.5

16

10.5

4

0.5 2.4

2

后

0.5

1

23

131

75. 圆领长裙套装

● 衬布　80cm　门幅　90cm
● 别布　0.4m　门幅　90cm
● 面料　2.1m　门幅　90cm
　　腰围　64cm
　　臀围　96cm
　　袖长　58cm

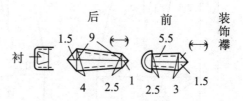

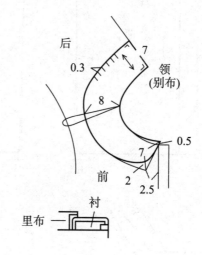

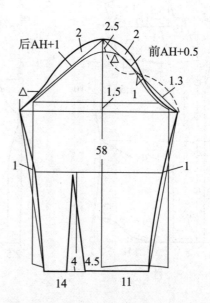

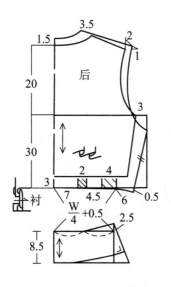

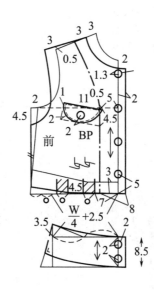

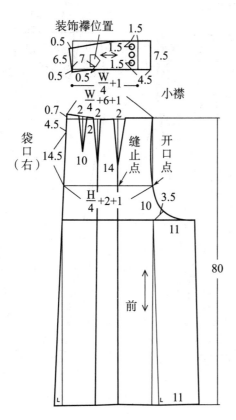

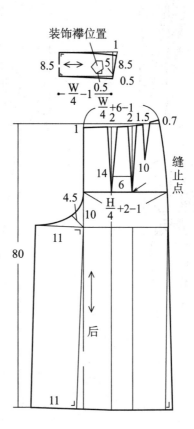

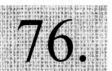

76. 立领斜肩紧扣套装

- ●面料　2.7m　　门幅　150cm
- ●里布　3m　　　门幅　90cm
- ●衬布　80cm　　门幅　90cm
- 　腰围　64cm
- 　臀围　97cm

袋布

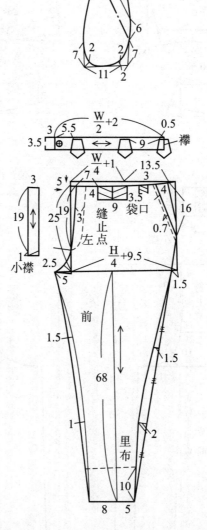

袋口

襻(5个)

3
4 4
1.5

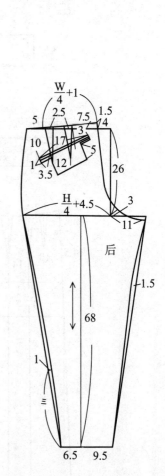

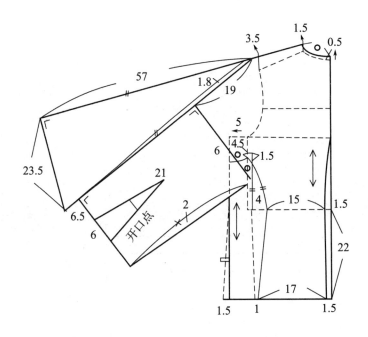

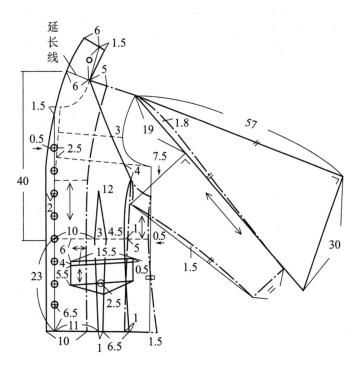

77. 商务职业套装

- ●面料　2.2m　门幅　150cm
- ●里布　2.8m　门幅　90cm
- ●衬布　80cm　门幅　90cm
  腰围　62cm
  臀围　92cm
  袖长　58cm

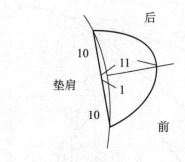

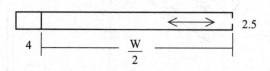

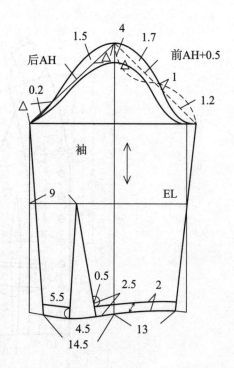

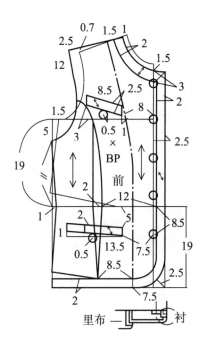

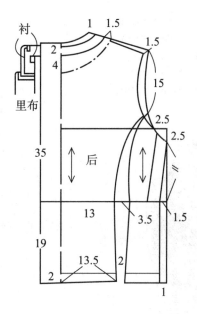

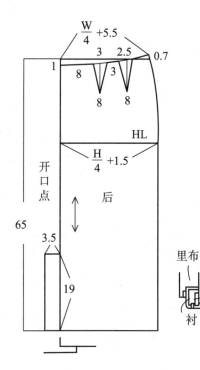

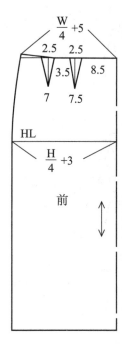

78. 西服套装

● 面料　4.2m　门幅　90cm
● 衬布　50cm　门幅　90cm
　衣长　59cm　腰围　78cm
　袖长　58cm　臀围　96cm
　裤长　88cm　胸围　90cm

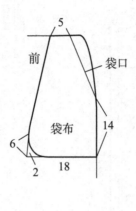

前

袋口

袋布

5

14

6

2　18

垫肩

后

前

11

9.5

1.5

10

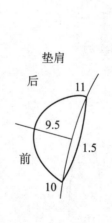

小襟

5

贴边布

前

开口点

1

2

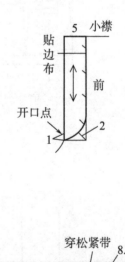

穿松紧带

8.5

3

小襟　5

$\frac{W}{4}$

$\frac{W}{4}+3$

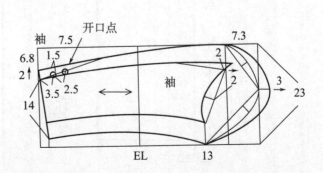

开口点

袖　7.5

7.3

6.8

1.5

2

2↑

2

袖

2

3

3.5　2.5

23

14

EL

13

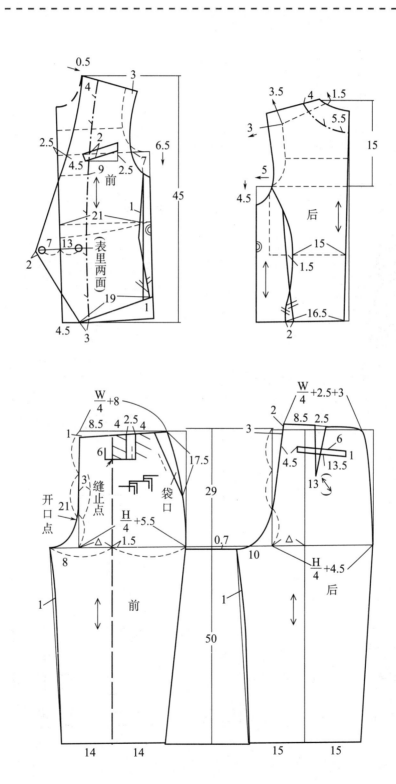

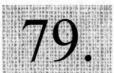

79. 半圆襟领套装

- 面料　2.4m　门幅　150cm
- 里布　3.2m　门幅　90cm
- 衬布　80cm　门幅　90cm
  衣长　50cm　腰围　76cm
  胸围　96cm　臀围　98cm
  袖长　56cm　裙长　80cm

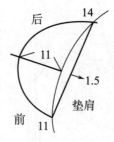

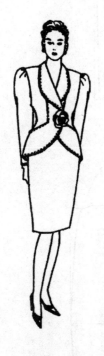

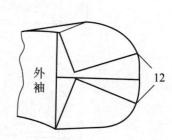

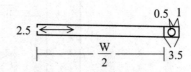

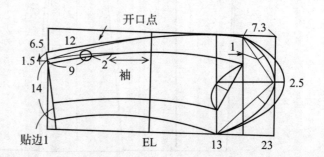

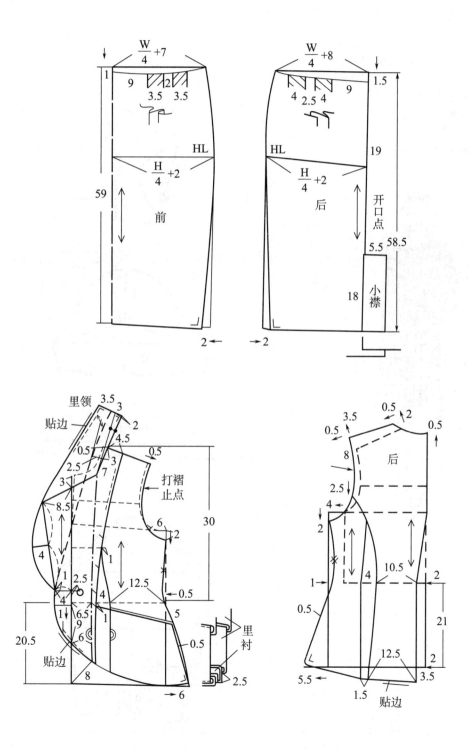

80. 春秋职业套装

- ●面料　3.8m　　门幅　90cm
- ●衬裙料　1.5m　门幅　90cm
- ●衬料　0.7m　　门幅　90cm
  纽扣直径1.3cm、1.8cm
  针迹宽0.2cm
  襻宽0.2cm
  贴边宽0.2cm

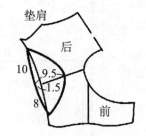

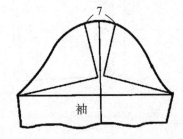

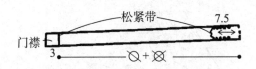

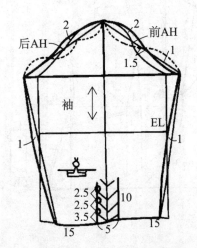

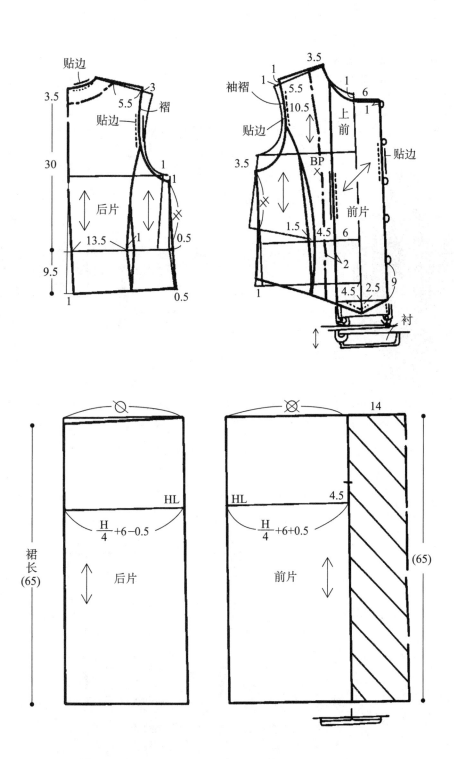

81. 领襟一体套装

● 面料　1.4m　　门幅　150cm
● 别布　0.6m　　门幅　150cm
● 衬布　100cm　　门幅　90cm
　衣长　58cm　　腰围　78cm
　袖长　58cm　　臀围　100cm
　胸围　98cm

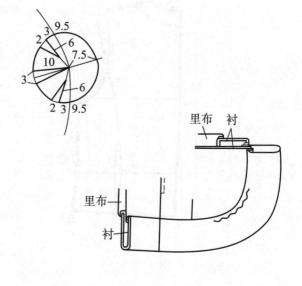

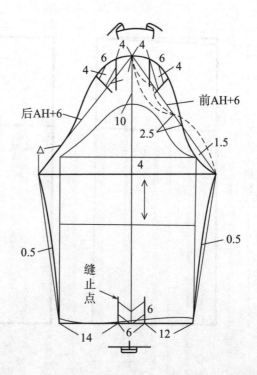

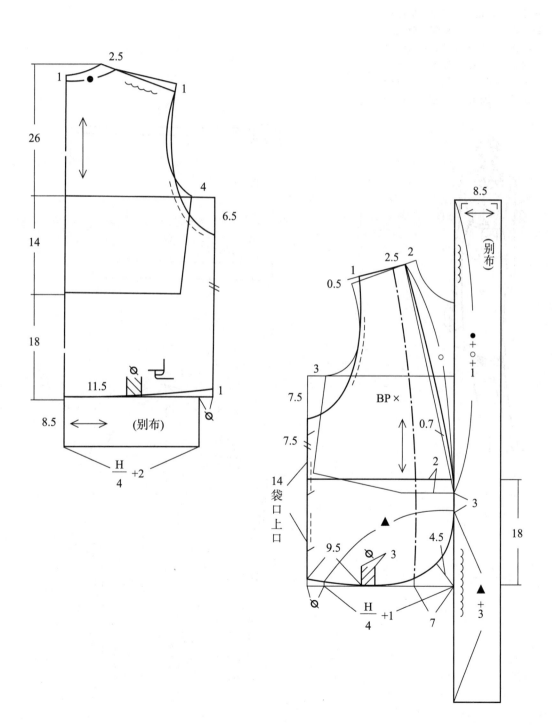

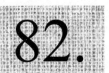

82. 传统三开领套装

● 面料　4.8m　　门幅　90cm
● 别布　1m　　　门幅　90cm
● 衬布　150cm　　门幅　90cm
　衣长　56cm　　腰围　78cm
　袖长　58cm　　臀围　100cm
　裙长　80cm　　胸围　98cm

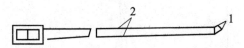

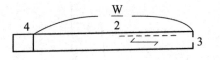

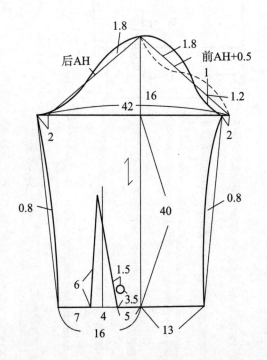

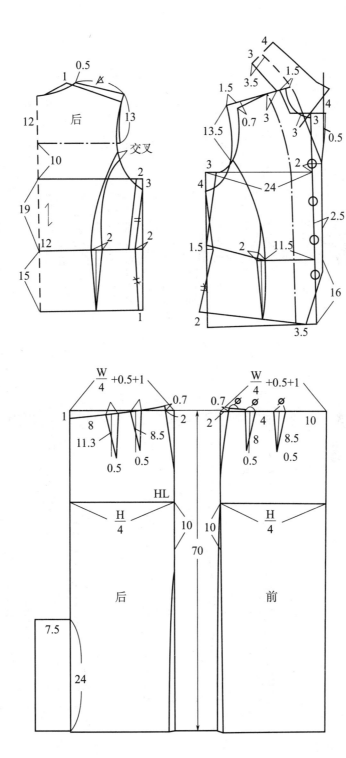

83. 西服外衣裙子两件套

● 面料　2.3m　门幅　150cm（上衣）
● 里布　2m　门幅　90cm
● 衬布　85cm　门幅　90cm（上衣）
● 面料　2.1m　门幅　90cm（裙）
● 衬布　65cm　门幅　90cm（裙）

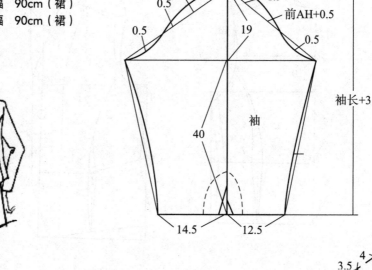

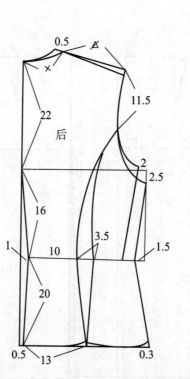

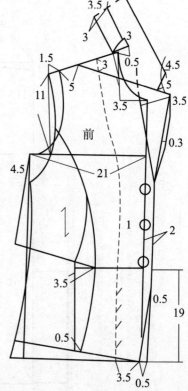

84. 传统翻领套装

- ● 面料 4.5m 门幅 90cm（上衣）
- ● 衬布 100cm 门幅 90cm
- ● 面料 2.6m 门幅 90cm（裤）
-   衣长 82cm 腰围 74cm
-   袖长 58cm 臀围 102cm
-   裤长 90cm 胸围 100cm
-   领围 10cm

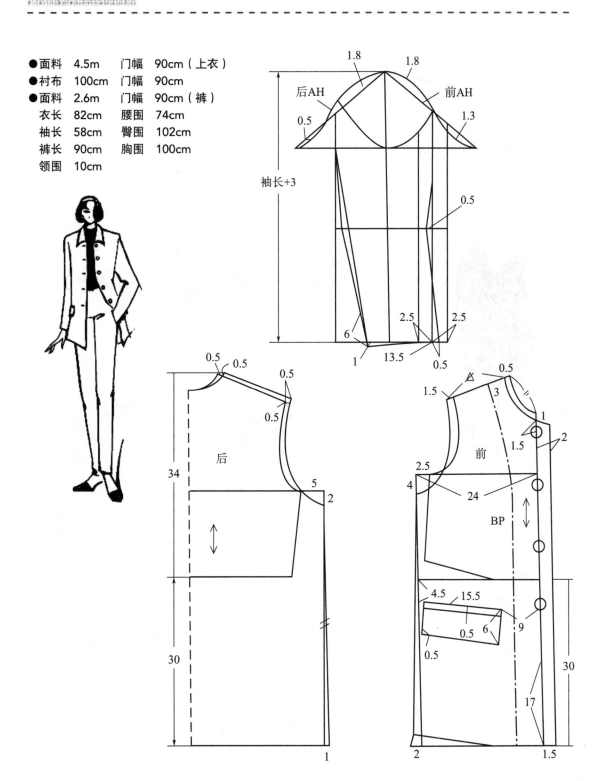

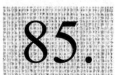
85. 披肩领大衣套装

● 面料 4.5m　门幅 90cm（上衣）
● 衬布 100cm　门幅 90cm
● 面料 2.6m　门幅 90cm（裤）
　衣长 82cm　腰围 74cm
　袖长 58cm　臀围 102cm
　裤长 90cm　胸围 100cm
　领围 10cm

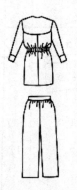

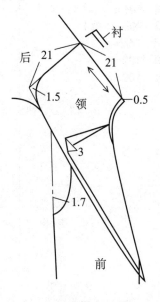

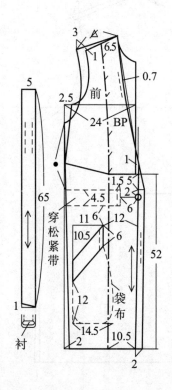

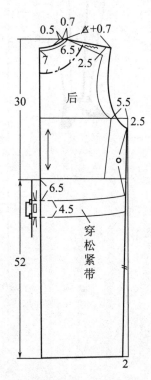

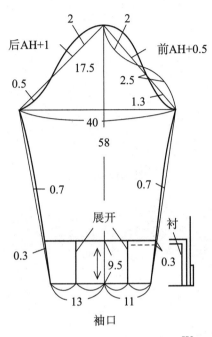

后AH+1　　前AH+0.5

2　　2

17.5

2.5

0.5

1.3

40

58

0.7　　0.7

展开

衬

0.3　　9.5　　0.3

13　　11

袖口

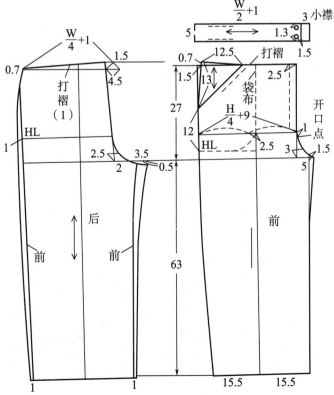

$\frac{W}{4}+1$

1.5

0.7

打褶
（1）

4.5

$\frac{W}{2}+1$　　3 小襟

5　　1.3

1.5

HL

1

2.5　　3.5

2　　0.5

0.7　　12.5　　打褶

1.5　　13

27

袋布

2.5

$\frac{H}{4}+9$

开口点

12

HL　　2.5　　3

1.5

5

后

前　　前

前

63

1　　1　　15.5　　15.5

86. 系带短风衣

- ●面料 4.2m 门幅 90cm
- ●衬布 160cm 门幅 90cm

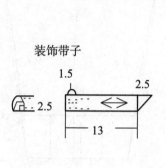

装饰带子

1.5

2.5

2.5

13

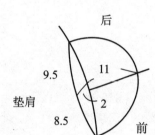

(←→) 1.5

2.5

3

后

9.5

11

垫肩

2

8.5

前

衬

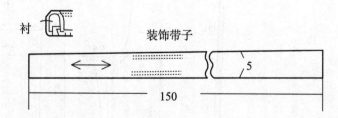

装饰带子

←→

5

150

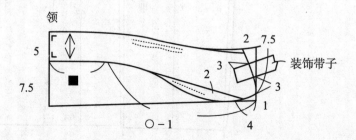

领

5

7.5

2

7.5

3

装饰带子

2

3

3

1

○ −1

4

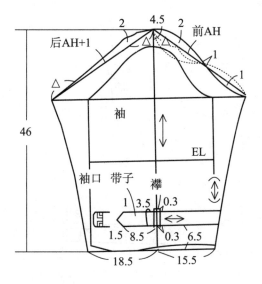

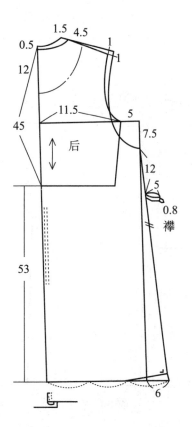

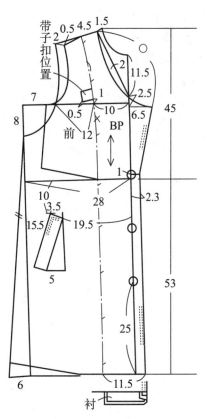

87. 夸大前襟风衣

● 面料　6.1m　门幅　90cm
● 衬布　40cm　门幅　90cm

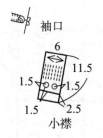

袖口

6
11.5
1.5　　1.5
1.5　　2.5
小襟

垫肩　后
9.5
2　　　　1.5
4.5　11.5
6　　4.5
2　6
2　9
前

衣领
5
1.3
5
⊙ + ○
小襟

装饰带子
上　　　下
1.5　　　　1.5
8　　　　2.5

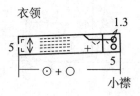

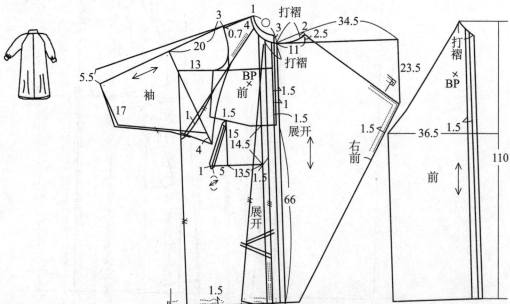

3　　1　　打褶
0.7　　3　2　34.5
20　　11
13　　打褶
5.5　　　　　　23.5
袖　　BP×前
17　　　　　1.5
1.5　　　1.5　　1.5
1.5　　展开
15　　　右前　　1.5
14.5
4　　　　　　　　36.5　1.5
1　5　13.5　1.5
打褶
×BP
展开
66
前
110
1.5
展开
1.5
12　1.5 5　5
上前中心

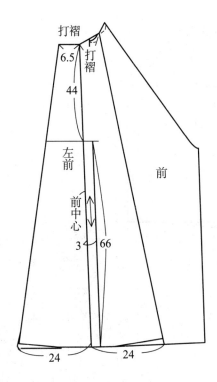

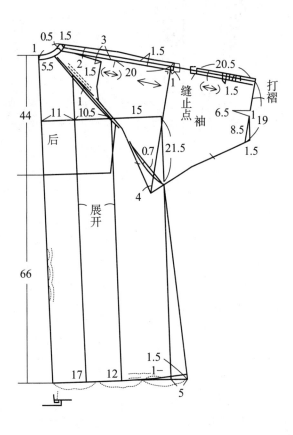

88. 圆领双排扣风衣

- ●面料 3.7m 门幅 90cm
- ●衬布 150cm 门幅 90cm
- ●里布 1.2m 门幅 90cm
- 腰围 66cm
- 臀围 96cm
- 袖长 58cm

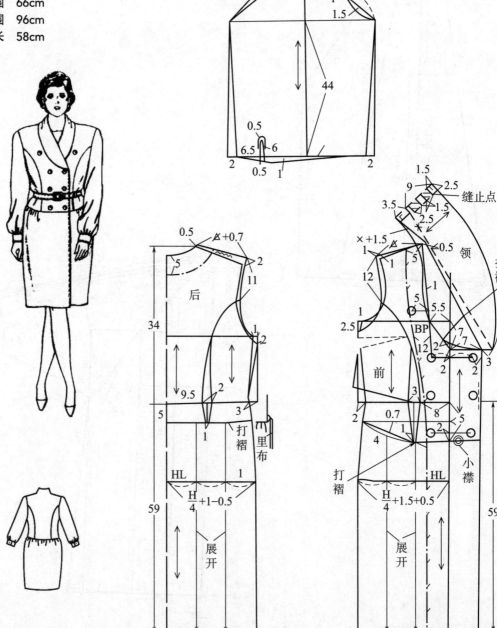

● 面料　4m　　　门幅　110cm
● 衬布　130cm　门幅　90cm
　衣长　118.5cm
　袖长　58cm
　胸围　96cm
　腰围　76cm
　臀围　98cm

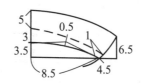

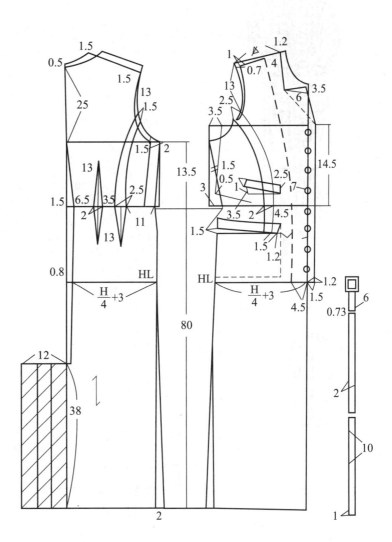

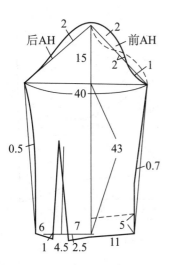

后AH　前AH

90. 插肩袖系带风衣

- 面料　4m　　门幅　110cm
- 衬布　130cm　门幅　90cm
  袖长　58cm

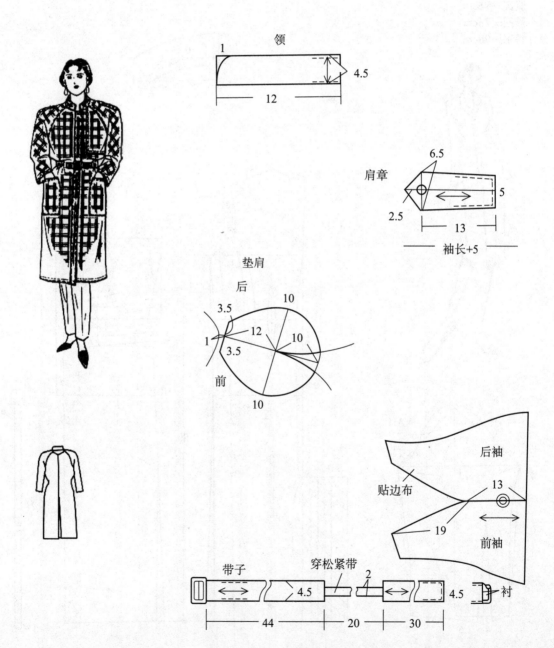

领

1

4.5

12

肩章

6.5

5

2.5

13

袖长+5

垫肩

后

3.5

10

1

12

10

3.5

10

前

10

后袖

贴边布

13

19

前袖

带子

穿松紧带

2

4.5

衬

4.5

44

20

30

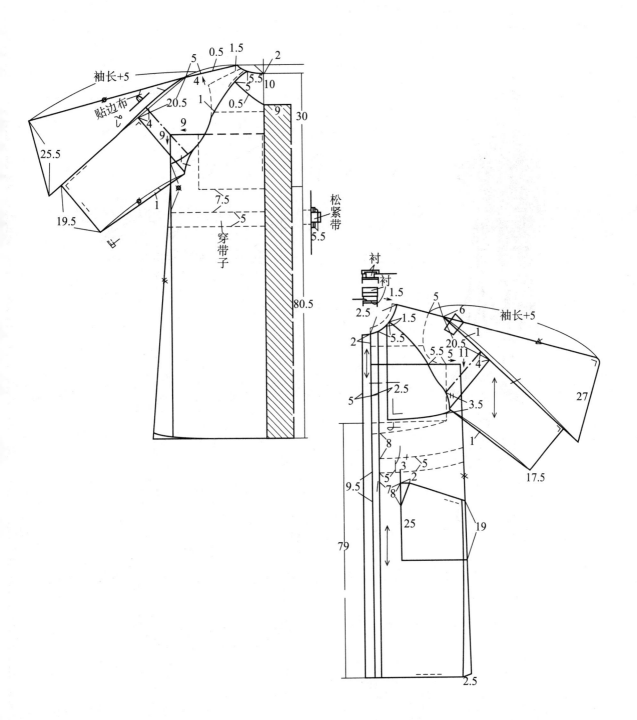

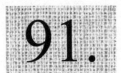

91. 时尚盆领大衣

● 面料　4.2m　门幅　90cm　　　腰围　70cm
● 衬布　80cm　门幅　90cm

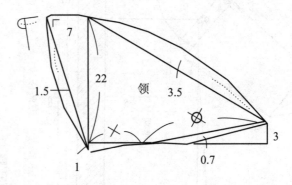

领

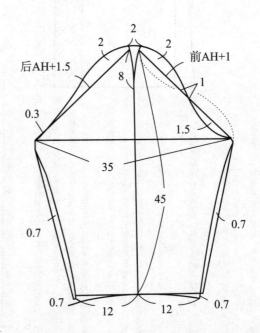

后AH+1.5　　前AH+1

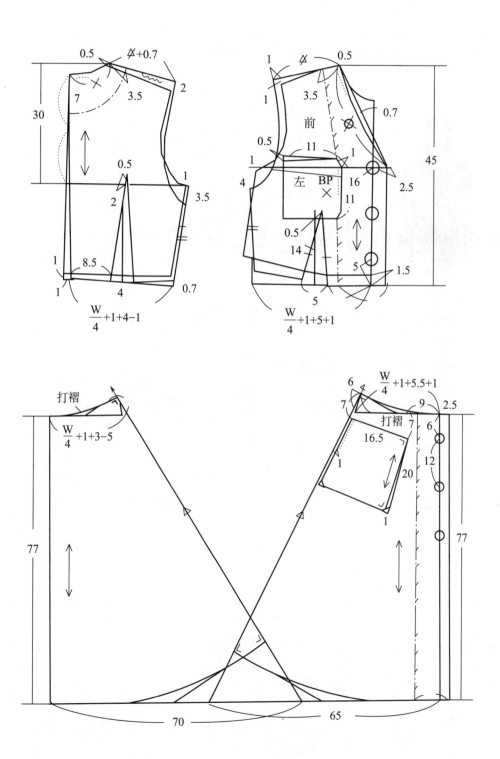

92. 时尚长款大衣

- ●面料 2.4m　门幅 150cm　　衣长 104cm　臀围 100cm
- ●里布 2.6m　门幅 90cm　　胸围 98cm　腰围 78cm
- ●衬布 120cm　门幅 90cm　　袖长 58cm

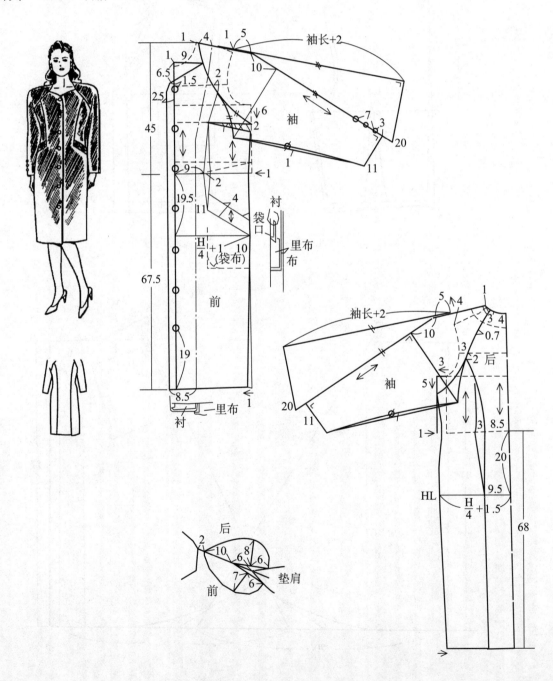

93. 冬季方领大衣

- ●面料　1.9m　　门幅　150cm
- ●里布　2.6m　　门幅　90cm
- ●衬布　100cm　门幅　90cm
- 衣长　80cm
- 袖长　60cm
- 胸围　100cm
- 领围　15cm

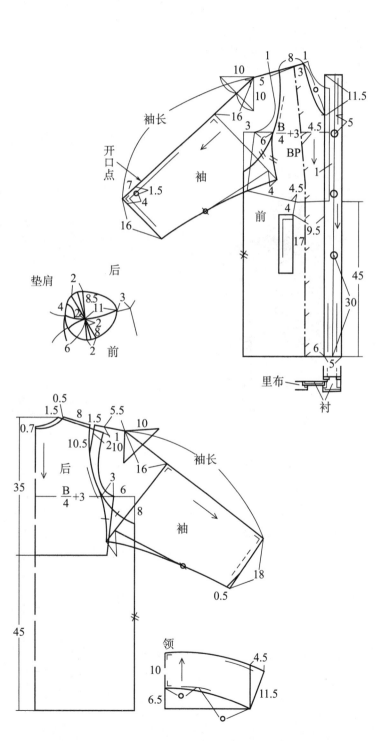

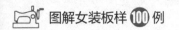

94. 冬季中长款大衣

- 面料　2.2m　　门幅　150cm
- 里布　2.7m　　门幅　90cm
- 衬布　100cm　门幅　90cm
  袖长　58cm

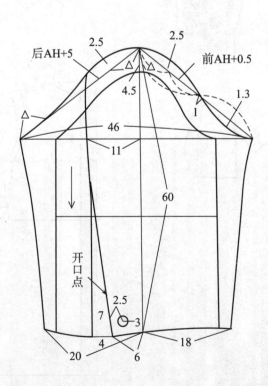

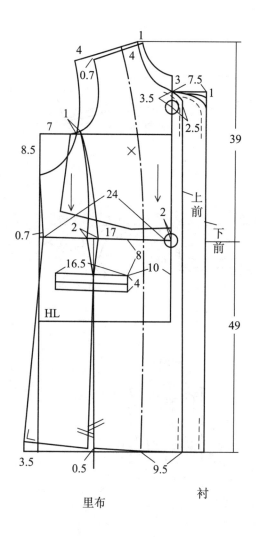

里布　　　衬

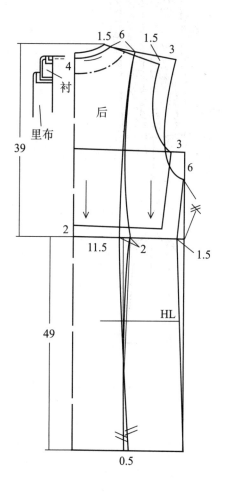

95. 宽松毛领大衣

- 面料　2.9m　　门幅　150cm
- 里布　3.6m　　门幅　90cm
- 衬布　120cm　门幅　90cm
- 　袖长　58cm

3　贴边布

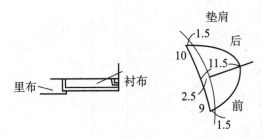

里布　　　　衬布

垫肩
后
前
1.5
10　11.5
2.5
9
1.5

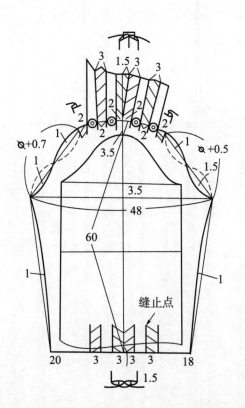

3　1.5　3　3

2　2　2　2

⌀+0.7　1　　3.5　　1　⌀+0.5
1　　　　3.5　　　1.5

3.5
48
60

1　　　　　　　　　1

缝止点

20　3　3 3　3　18
1.5

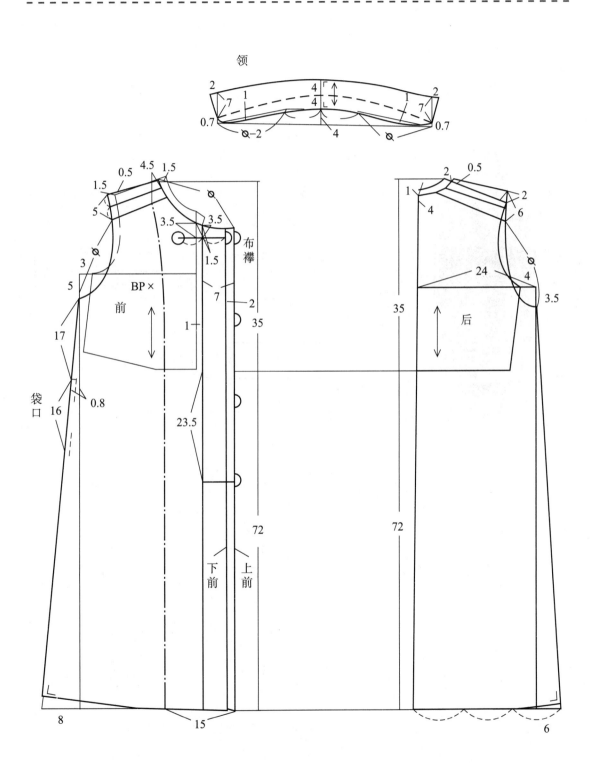

领

前

后

BP×

布襻

上前

下前

袋口

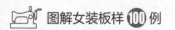

96. 夸大领型大衣

- 面料　2.7m　　门幅　150cm
- 里布　2.8m　　门幅　90cm
- 衬布　110cm　门幅　90cm

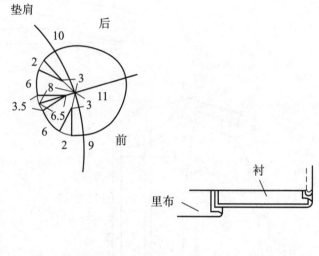

垫肩

后

10

2

6

8　3

3.5　3

6.5

6

2　9

前

11

衬

里布

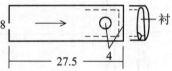

8

27.5

4

衬

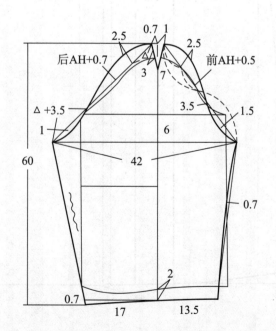

0.7　1

2.5

2.5

后AH+0.7

前AH+0.5

3

7

△ +3.5

3.5

1.5

1

6

60

42

0.7

2

0.7

17

13.5

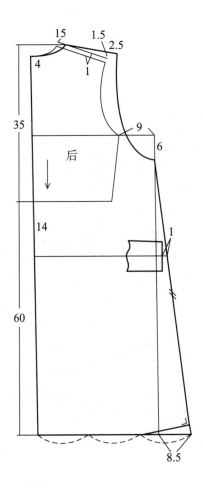

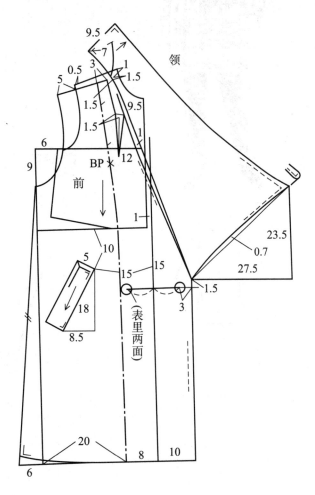

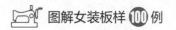

97. 双排扣无领半大衣

- ●面料　2.3m　门幅　150cm
- ●里布　0.9m　门幅　90cm
- ●别布　2.1m　门幅　150cm

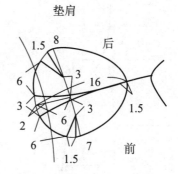

垫肩

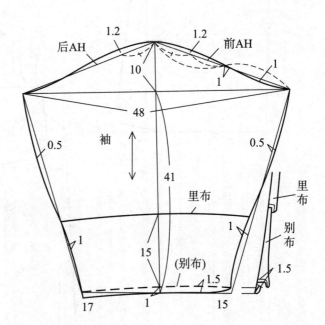

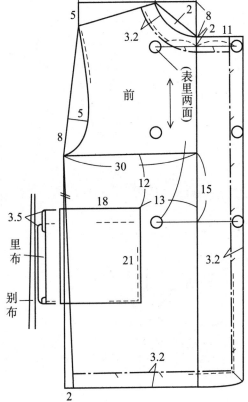

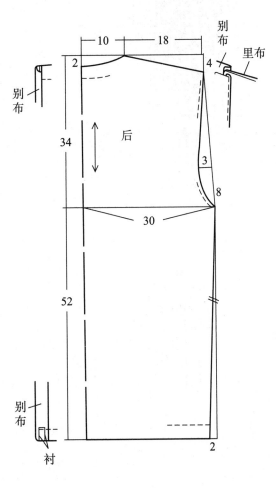

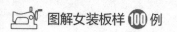

98. 立领大衣

● 面料　2.4m　门幅　150cm
● 里布　1.3m　门幅　90cm
　　袖长　60cm

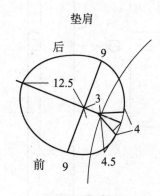

垫肩

后

12.5

9

3

4

前　9

4.5

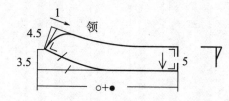

领

1

4.5

3.5

5

○+●

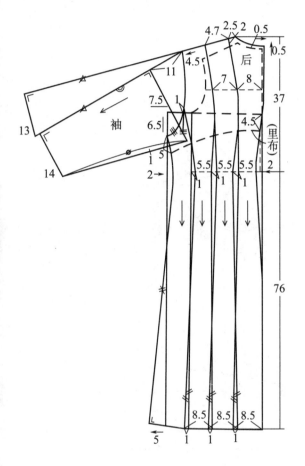

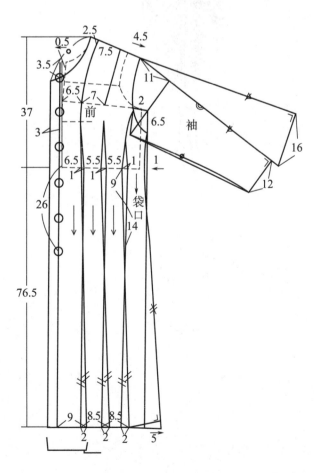

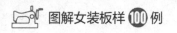

99. 冬季方领大衣

- ●面料　2.8m　　门幅　150cm
- ●里布　3.4m　　门幅　90cm
- ●衬布　230cm　门幅　90cm
- 　袖长　60cm

后

垫肩

7　　9

1

前

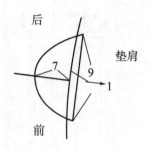

领　　　　　　里领

5

5.5

4.5

10　　　　　　　3

○+●

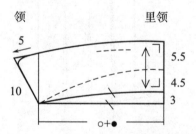

13

带子

120　　　　2.5

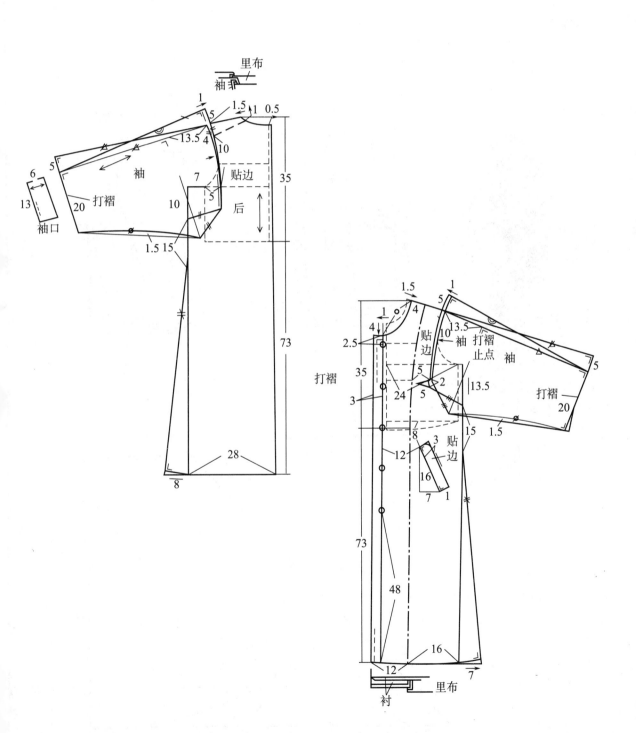

里布
袖

1
5   1.5 1   0.5
13.5 4
10
5   袖
6   打褶 7   贴边
13
20   打褶   10   5   后   35
袖口
1.5 15
73
28
8

1.5   1
5
1
4
13.5
2.5   4   贴边   10   袖 打褶 袖
止点
打褶   35   5   2   13.5   打褶   5
3   24   20
7   15
8   贴边   1.5
12   3
16   贴边
7   1
73
48
16
12   7
衬   里布

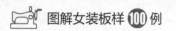
100. 马甲套装2

- ●面料　3.4m　　　门幅　90cm
- ●衬里、衬裙料　2.2m　门幅　90cm
- ●衬布　0.6m　　　门幅　90cm
  - 纽扣直径1.5cm

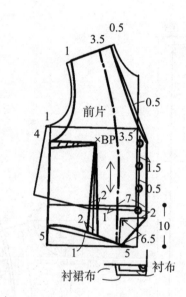

前片

×BP

衬裙布　衬布

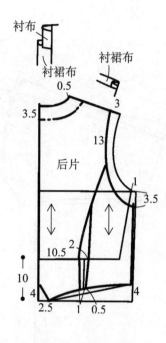

衬布

衬裙布

衬裙布

后片

松紧带

门襟

$\dfrac{W}{2}+6$

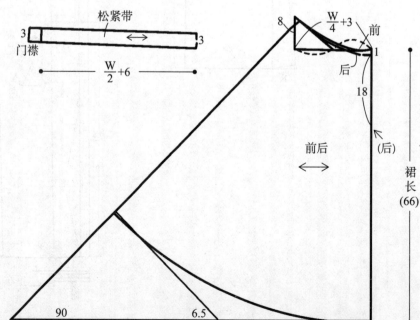

$\dfrac{W}{4}+3$

前

后

前后

(后)

裙长
(66)